中國兵學大系

【07】

投筆膚談

《投筆膚談》

《陣記》

《百戰經》

《兵經》

李浴日◎選輯

投筆膚談引

粵稽古兵法有一百八十二家漢張良韓信刪取要用定著三十五家後至宋元豐間國子司業朱服奏校其他盡屏去止存七家之書

國初因之頒布然七書之中惟孫子純粹書僅十三篇而用兵之法悉備故首列之余目擊時艱不欲自限於慱士業遂

勵志武事間嘗亦倣孫子之遺旨出一隙之管窺謬成十三篇題曰投筆膚談先本謀而終以天經篇名雖與孫子相參文義則別蓋宗

大聖人竊比老彭之意也

四方高明乞鑒其愚而教焉弗哂效顰幸也是為引

西湖逸士謹識

揆筆膚談篇目

篇目終

投筆膚談卷上　強集

浙江觧元鍾吳何守法撰音點註
門弟庠生三吳何守禮　批評
門生進士仁齋宋德隆
武舉紹巖王世盛
繼巖王世興
調宇陳廷和　同訂正

本謀第一

本謀者以謀爲本也太公傳曰其事多兵權與奇計後之言兵者皆宗太公爲本謀

批評
首言不得已
乘訓之意何
深

批評
康國保民果

名篇之義蓋取諸此若夫趙充國曰帝王之兵貴謀而賤戰岳武穆曰勇不足恃用兵在先定謀則信乎謀乃行師之本非謀無以制勝於萬全故以為第一篇通篇作二節看首至聖王不免也總是先叙兵興有害後半篇則尚謀以免害也傳去聲 夫音扶

凡兵之興不得已也國亂之是除民暴之是去非以殘民而生亂也已音以下得已同 去字上聲註同

兵因除亂去暴而興正見不得已處此一篇大旨

自古明君賢將謀之於未戰之先者豈專謀敵求勝

惟明君賢將爲然

批評
論謀者有矣多主於謀敵此先料巳爲謀真是務本之道

哉亦冀保民而康國耳。將去聲篇內皆同

冀期望也保則不殘康則不亂此推君將預謀之心。

故知害之害者知利之利知危之危者知安之安知亡之亡者知存之存得勝筭者不先料敵而料巳料敵者踈料巳者密料敵者知敵之勢料巳者知巳之情。

利害安危存亡其機相爲倚伏能知而料於彼巳之間斯爲善謀然猶須先料巳也勢以顯於外者言情以隱於中者言。

批評
七者俱在己之事

是以民勞而興兵者疲民貧而興兵者匱民玩而興兵者散內有讒臣而興兵者殆天菑流行而興兵者亂有內難而興兵者疑上下離心而興兵者亡菑與災同難去聲下大難同註同

言民而勞苦貧乏玩愒者必至疲匱與散走國有讒佞天菑內難離心者必致危殆播亂疑貳以底於亡故當先料之於己急圖自治也民勞而疲如韓信不可攻燕民貧而匱如漢武海內虛耗民玩而散如懿公士不授甲內有讒臣如夫差偏信伯嚭天菑流行如魏相直諫宣帝國有內難如桓公

批評
三者亦已之事

批評
以富和二字總括上七事三事極妙

五子爭立上下離心如商紂民欲偕亡此其類也

學者悟之（愒音氣差音欽相去聲）

軍需不備取敗之道也行伍不充取敗之道也備軍需充行伍而留及吾民以敗致敗之道也（備音避俗讀備非行）

音抗

言不惟有上七事兵與食用不足雖足而留及於民皆必取敗亦當知警以敗致敗者謂以自已先有敗道致人之敗我也

故國不富不可以興兵民不和不可以合戰興兵而不計成敗之筭危急際也合戰而不審存亡之機大

批評：舉五害爲聖王不免，何等懇切。

難時也。

此承上言必國富而民和，斯可興兵以合戰，非危急大難，斷不可輕躁寡謀，而昧於成敗存亡之機也。

兵之所以妨民者五。司國計者，不可不知焉。三時弛務，妨民之農；隸籍充伍，妨民之業；軍需輜重，妨民之財；擐甲冠冑，妨民之力；鼓行搏鬭，妨民之生。此五者，聖王之所不免也。弛音矢。擐音患。冠音貫。冑音紂。搏音剥。註皆同。

妨，害也。此舉兵興之害有五。三時，春耕、夏耘、秋收也。弛，廢而不張也。軍需，軍中待用之物。輜重，載器糧衣裝之車也擐披之於身也冠戴之於首也冑盔也鼓行聞鼓則進也搏擊也夫妨農則食不足妨業則家益虛妨財則用日竭妨力則令難行妨生則死傷者衆故聖王雖有愛人之心興則必致此五害此所以不得已而後興深切凶危之戒也

夫音扶 令去聲

故將之為國謀者曰士出何籍馬出何牧糧出何稅財出何賦器用出於何供推輓出於何力是以不難於戰勝而難於不為斯民病不難於殺敵而難於不貽患於國兵以銷兵然後興兵戰以止戰然後合戰

批評
五者兵事之常
批評

期於過敵之鋒而非期於敵之盡也爲國爲字去聲輓與挽同註同

此承上兵興之害有五雖聖王不免故將奉君命專征不得不以所費用者詳細爲國謀之戰勝殺敵謂之不難者非果不難見有智力者皆可能也然多至於病民而貽患故必雖勝而國與民無損者方爲難兵以銷兵四句是動必成功不輕舉也期於過敵二句是敵服則止不窮黷也自此至末俱是用謀爲本黷音毒

夫將有必勝之術而無必不戰之術有不敗之道而無必敗敵之道攻圍戰守禦五者因敵以制變斯勝

謀能因敵制變而勝亦神矣哉

矣故拔敵之城而非攻也致敵之降而非圍也寢於廟堂之上而非戰也散於原野之間而非守禦也如不得已而必至於用兵則不多旅不久師不暴卒不角力惟謀以爲之本則吾民之病其少瘳乎夫音扶下夫兵同降音杭瘳音抽註同暴音僕上音註同

必勝勝敵也術法之巧也不敗已不敗也道即理也此在已者故曰有時遇暴亂安得不戰敵備已周安能敗之此在人者故曰無是以兵雖有攻圍戰守禦之五事惟能因敵以制變勝自不資於此乃聖王之本心也若至於不得已而用兵猶不專

批評
謀先名與義何患無成真是高識

恃夫兵以謀爲之本此所以救民於水火而不流於前之五害也不多旅四句如文王伐崇退脩文教因壘而降武王伐紂虎賁三千一戰而定之類病猶害也瘳愈也 賁音奔

夫兵莫大於握其樞兵之樞名義而已我執其名而加敵以惡名我仗其義而加敵以不義則三軍之出烈烈炎炎上洞於天下徹於泉中橫乎四表旌之所麾士氣奮而敵威摧矣 樞音樗昌朱切 橫去聲

此又承上結言將之訓國非止料已與不尚威武尤在出之有名仗義而舉如漢高祖爲義帝發喪

唐太宗檄煬帝過惡之類天下人心安有不嚮應三軍之士安有不奮勵者乎此更謀之大者樞乃戶樞轉移之柄也烈烈炎炎火盛不可止遏之貌洞清空無礙也徹通透也橫無遠不届也四表四方也此指兵勢之赫於六合言摧毀折也言敵受惡名不義自莫當吾之兵而喪敗也將更並去聲煬音羊礙音害届音介折音舌喪敗之喪去聲

家計第二

家計者保自家之計也猶云家業朱子曰用兵先須立定家計名篇之義取此夫上

批評
首言當多算
不可徼幸何
等斟酌

篇謀先料己則凡己之情實辨之甚明急
當完備家計使不可敗然後圖敵之勝也
故次於本謀爲第二篇夫音扶

用兵之道難保其必勝而可保其必不敗不立於不
敗之地而欲求以勝人者此徼幸之道也而非得算
之多也徼音交註同

敵若有備未必能勝故爲難保我若有備自不至
於敗故爲可保與上篇有不敗之道而無必敗敵
之道意同凡欲勝人必先以敵不可勝我之事爲
之於己而後乘隙以攻之此之謂多算勝反此者

批評

能此者真爲
善用兵

雖欲自免於敗。且不可得。而況能圖非望。或然之
勝乎。儌求也。幸。謂所不當得而得者。

夫兵有營陣。有戰守。有攻禦。有彼已。善用兵者。審虛
實之勢。校輕重之權。量緩急之宜。度先後之節。不虛
營而實陣。不重戰而輕守。不緩禦而急攻。不先彼而
後已。夫音扶。下夫兵同。量去聲。度音鐸。註同。
營陣戰守攻禦彼已。乃兵家之必有而當計者。故
舉之。審詳察也。校兩相比也。量忖量也。度推度也。
營陣之勢。各有攸當。營實則敵難衝突。陣虛則人
易展施。此已不敗而人可勝也。所以當審之。若虛

批評意味深長當熟玩之

營而實陣則立於敗地矣故不可下三句講法同輕戰則不妄動重守則無疎虞急禦則人難乘緩攻則敵自服後彼則不躁於謀人先己則能首於自料此皆己不敗而人可勝也若重戰而輕守緩禦而急攻先彼而後己則必敗矣故善兵者計於心而戒之如此當易並去聲

故行慮其邀居虞其薄進思其退外顧其中我攻敵左防敵襲右我攻敵右防敵襲左而前後之變可知也襲音習俗讀昔非

此正是立家許處行在途也邀伏兵阻截也居屯

止也薄大衆逼壘也進前趨也退旋師也外軍前也中國内也攻擊也襲掩取也即齊師襲莒之襲變推遷也行不慮邀則有龐涓馬陵之頸故當憂慮如充國常遠斥堠而行必爲戰備居不虞蕭則有秦師壓晉之危故當虞度如德威力諫晉王而移軍於鄗南進不思退則有任福好水之陷故當深思如孔明不聽魏延而兵由子午外不顧中則有夫差姑蘇之棲故當返顧如光武姑置隴蜀而車駕還長安至於敵之左右前後我雖欲攻之而猶防其襲則無時無處不備矣非善立家計者歟

批評
凡此等法乎
藝不磨從之
而或敗者未
之有也

度音鐸 鄗音霍
又音杲 差音釵

深入敵疆以客爲主相持曠日防敵出奇是以敵雖寡我亦衆衆以待之敵雖弱我亦堅陣以迎之其未戰也若見敵已會也若不勝既勝也若初會故殺敵者常整其兵追奔者不過其舍由是觀之不惟敗防敵勝亦防敵也已音以 註同

此又以深入敵境言之我雖客也久則變主若不戒謹恐蹈敵人掩襲之奇故不但敵衆與強當防之雖或寡弱未必非冒頓之匿其精衆而示羸少也其防之尤宜加意必未戰者見敵則備之極其周

批評　二寧字最當玩索

已會若不勝則慮之極其至既勝若初會則將不驕而卒不惰故能益整其兵於殺敵之後縱追而亦不入其伏此乃不因勝以弛防者也所以師出萬全而無一失吳漢終日欽欽有如對敵似之蝐

音墨　寔　羸音雷
少上聲　將去聲

是以我未可戰則謹守弗失待敵之敝而勝之故寧不勝毋或陷衆寧久持毋或欺敵陷衆欺敵未有不敗者也毋音無

此又言不惟防敵而亦不輕戰我未可戰者時勢未利也待敵之敝者俟其有隙也如越王苦心教

批評足爲貪利忿恣速者戒

訓伺吳之輕銳盡死於齊晉爭長潢池國內空虛方潛師往伐之頻寧不勝寧久持者非真甘於曠日無功也恐躁動求勝勝未必得而自貽欺敵惱衆之敗故寧少忍一時而不貪目前之勝也吳王驕肆而輕鄰國卒爲越所惱滅未知此義耳有國者戒之戒之隙音乞長少並上聲潢音黃貽音移

凡敵誘吾以利者我思其菑激吾以怒者我思其變此以有虞待不虞不徒從人而忘自備也菑與災同備音避下同

利便宜也非專指貨利言菑害也變機詐也誘利

思蓄如先主立營於平地陸遜揣知其必有巧激怒思變如孔明辱魏以巾幗司馬懿受之而不動言敵雖誘之激之吾惟自備而不從則非不虞者矣烏至於敗彼趙軍空壁逐信於背水子玉忿不思難而遽戰其喪亡也允宜此又足上慎防而不輕出意便音梗平聲難喪並去聲

敵者有釁機不可失則警吾之備而乘之兵備未警不先從敵此得筭之多者也

此言敵雖有可乘之隙而猶必警吾之備則能立於不敗之地矣視夫不顧家計而徼幸於勝人者

批評
警備正是勝敵之本

批評 上言敵雖寡弱當防此言已雖強衆亦當防有交互覆出意

批評 審勢因機兵之術盡矣

奚啻天淵哉故曰得算之多正應首節之意吁有隙尚警無隙之警益可知矣 隙音乞 夫音扶 徼音交 害音瞥

夫兵不貴分分則力寡兵不貴遠遠則勢疎是不惟寡弱在我而強衆在敵也雖我強我衆亦防敵之乘我也苟能審勢而行因機而變則敵亦焉能乘我哉

此言分屯隔遠未免力寡而勢疎恐倉卒應援不及故非所貴務家計者亟宜知之然言寡弱而又推出強衆亦當防敵者蓋因世將慮已寡弱敵強衆則防恃已強衆者多忽防而為敵乘故也若不泥於強衆惟審時勢而後行因事機而變化則我

批評

知彼知己無餘蘊矣

之家計立矣敵縱善謀何由而乘之哉漢與劉蕕分也而能潛行就尚是能審勢因機者（卒與持坐與急）關衎泥並去聲

且天下之乘不在敵則在我不在我則在敵故己可以乘人而人亦可以乘己者不可以不防人或有以謀己而己亦可以謀人者不可以不知此兵之至計不可不察也

此是總結用兵有彼己之分大約乘人者勝受其乘者敗故當因己之欲乘而推之於敵因敵之所謀而反之於己則敵無可隱之情己有全備之計

所以首節曰可保其必不敗也。此亦應前我攻敵左五句意。乘如乘馬之乘，乃因隙襲之也。昔智伯挾韓魏攻趙，決水以灌晉陽，而卒於韓魏生變，反灌已軍。是欲乘人而不能防人之乘已也。襄子因智伯約韓魏而決水攻已，遂陰通韓魏以灌智伯，是能因人之謀而即以謀人也。能否之閒，存亡頓異，故為兵之至計，有國所宜深察而慎之也。隙音乞　襲音習

達權第三

達權者，通達權變也。家計既立，則凡軍中

之事備之周密已不敗矣然欲取勝猶須見微知著隨機轉移以通達夫權變而不可膠絃襲轍也故以達權爲第三而繼於家計之後（已音以　絃音賢　襲音習）

批評：首言達權最有見

凡兵出於國民和於野固當以必死爲節必克爲志尤先於達權

權稱錘也所以稱物之輕重而往來以取中者也故道之變通亦曰權用兵者權之不達則不能料度彼已而執一不通必死者可殺必克者可誘雖有志節何益哉是以當先權敵之何如可以死可

批評
四者足以佐勝但當假之而不可泥此定論也

以無死可以克可以無克而後得其中也此見徒勇者不足恃民和和字不重總是交和而含意稱錘

稱字去聲　度音鐸

不可聽淫言不可信讖緯不可拘風占不可惑物異

讖音襯

四者皆異端虛誕之事制之以詐欺則可若我偶值之惟當權之於心而禁祥去疑切不可聽信拘惑也聽則為于寘之求騧馬信則為陳嬰之欲自王拘則無符彥卿逆風之功惑則無李孝恭杯血之解故耳

誕音淡　寘音真　騧音倭　王去聲

批評

軍中大要不出於此良將能之故勝而無失

居常慮變處易備卒屯營者務持重臨敵者貴合謀接戰者先示形納降者須防僞襲人者顧本營伏兵者視地利攻衆者解其心陷堅者孤其勢遠征者警其赴救追奔者防其分兵突進者矢石在前無糧者乘飽以戰卒遇敵者不可妄動見異物者不可輕發過險阻者不可不速遣間諜者不可不容凡此皆宜達之以權也處上聲易間並去聲下可間同備音避下皆同卒與猝同降音杭註同

此與下節皆備已乘人之人事所當盡者非比上四事也居常二句防未然也如程不識之夜擊刁斗持重者不輕動也如亞夫之夜驚堅臥合謀者

集群策也如越王之會議伐兵接戰而示其形則敵莫測如韓信背水之陣也納降而防其僞則敵難欺無曹操赤壁之焚也將襲而返顧則無失奇免罷涓腹心之憂也欲伏而相地則計行必成孫臏馬陵之功也解其心雖衆無用則如李靖之棄舟江中而蕭銑兵疑不敢進也孤其勢雖堅必破則如白起之遮絕後救而趙括卒坑於長平也遠征警救救必無功則如唐太宗征世充而先絕建德之援也追奔防分不防有害則如成安君逐韓信而不虞赤幟之馳也突進當慮夫矢石張郃昧

批評
乘人之術不止於此推而行之可也

之而殞命於木門也無糧乘飽以進攻項羽知之而勝秦於九戰也卒遇敵而妄動則必敗故當法李廣之解鞍見異物而輒發則必危故當戒任福之開盒險阻宜速過鄧艾所以走陰平而破成都間諜當審遣陳平所以具惡草而疑楚羽凡此十八事皆在已者非權以濟之安能免已之害以取萬全之勝乎此達權所以為要也刁音凋相去聲銑音選幟音翅夫音扶郤音台殞音允

故知兵者必先自備其不虞然後能乘人之不備乘疑可間乘勞可攻乘饑可困乘分可圖乘虛可驚乘

亂可取。乘其未至可撓。乘其未發可制。乘其既勝可執。乘其既勝可退。故兵貴乘人。不貴人所乘也。

此承上已之十八事。能先權而備之。則不惟不敗。猶可以乘人也。乘與家計篇乘意互相發。疑則易譏。故可間。如田單因樂毅與新王有隙也。勞則易破。故可攻。如越王知吳之輕銳盡於齊晉也。饑則枵腹。故可困。如楚軍食盡而漢王破之成皋也。分則勢孤。故可圖。如張步分屯而耿弇敗之歷下也。虛則恐懼不安。故可驚。如左車教韓信之脅燕也。亂則縱橫無紀。故可取。如謝玄紿符堅之移陣也。

批評　達權至此。必取勝如神。

未至則無援。故可撓。如李靖料蕭銑之兵未集。而急促之也。未發則易遏。故可制。如孟子度諸侯伐齊之謀未動而可止也。既勝敵必驕。故可刼。如張遼之以百騎貫兵營也。既敗敵必避。故可退。如孔明之射張郃而全軍返也。大約舉此十者。以見敵有之。俱可用權以乘之。但不可為其乘耳。易去聲　紿音怠

撓音鳥　度音鐸

惟善與敵相持者。識衆寡之用。明剛柔之宜。達進退之機。知順逆之勢。

此承上二節言。備已乘人。必善於兵者能之。衆寡

以人數言。識其用。則無孤旅縻軍之失。剛柔。以戰事言。明其宜。則無損軍辱國之災。進。退。以師律言。達其機。則無逗遛強戰之罪。順逆。以天道言。知其勢。則無妄行後時之悔。此真達權者之所爲。故既能備己。又能乘人。萬舉而萬全。身安而國利也。識衆寡。如王翦非六十萬不可。班超三十六人而足。明剛柔。如文王之赫然整旅。漢高之謝羽鴻門。達進退。如唐太宗晝夜速追。仁杲。陽處父臨水不戰而旋。知順逆。如太公佐武王以伐商。王猛願苻堅勿圖晉。逗音荳強處並上聲

批評

怒侮二字君將當深戒在己在人果皆不可也

強敵不可怒弱敵不可侮怒強敵者殆侮弱敵者悔故敵能者備之不能者攖之攖之而未見其可攻者我未善也備之而見其可攻者我之得算多也

此言不能如上節四者而妄逞則不可也古者交隣以道無分國之強弱至春秋時乃有怒強侮弱之失豈知強固不可怒而弱尤不可侮乎怒之是螳螂當轍也侮之是不知蜂蠆也故必危殆而自悔惟當於能者備之不能者攖之然總歸於可攻也若攖之而反不可攻備之而反可以攻豈無故哉亦備者算之多而攖者未得出奇之善也觀此

批評
委貨失之譎
貪貨失之愚
愚非權也

批評
凡此皆軍之

則強即能者不備而怒之弱即不能者不擾而侮之精於達權者恐不如是也備字正應前必先自備。去聲 蓄音叙

委敵以貨而勝之者貨在我者也貪敵之貨而敗焉者貨在敵者也

晉以垂棘之璧屈產之乘假道於虞以伐虢虞公黷貨而許之後晉并滅虞璧馬仍歸晉是璧藏外庫而馬養外廐也荀息之謀巧矣哉吁晉可謂善權而虞不能矣此節之意本此 乘去聲 虢音郭 黷音毒 廐音救

謂我無可生者激吾衆也謂敵不足畏者安吾民也

設機最宜先務

批評 仁暴二字大

布疑言於人耳者。使人惑也。置赤心於人腹者。使人信也。

我無可生。如班超激怒三十六人曰。鄯善拘吾屬送匈奴。骨肉長為豺狼食矣。敵不足畏。如司馬懿畏蜀如虎。乃假言曰。亮止五丈原。諸將無事矣。布疑言於人耳。如田單令於城中。當有神人為我師。而每出約束。必稱神師。置赤心於人腹。如蕭王破降銅馬。封其渠帥為列侯。而自乘輕騎橫行部陣。此皆能達權者。故又舉之。將令並去聲降音杭

可使敵兵知吾之仁。而不可使吾兵知敵之仁。可使

相反效果提
於影響

吾兵知敵之暴而不可使敵兵知吾之暴使吾兵知敵之仁者散吾之衆也使敵兵知吾之暴者堅吾之敵也。

吾兵知敵之仁則無鬭心而潰散敵兵知吾之暴則效死命而益堅故皆不可使惟可使吾兵知吾之仁必捐生以除暴使敵兵知敵之暴必憤怨而歸仁仁暴異而興亡基於此矣安可不知權哉仁如漢高之約法三章暴如項羽之所過殘滅散衆則如陳平諸人咸歸漢而八千子弟無一還也堅敵則如天下諸侯共滅楚而各戰其地以自效也

批評能法曹彬必無此失

若夫臨敵而刑以惕衆，將戰而殺以震威者，忍人也。足以失士之心而激之變，非所以令衆庶見也。夫音扶令平聲

臨敵將戰，勝負在於須臾，固當重賞以勸其前，尤貴嚴刑以警其退，此雖軍法之常，然不可有成心也。若臨敵而借刑以惕衆，如穰苴之斬莊賈，將戰而故殺以震威，如楊素之求人過，非忍心害理而何？此可偶一行之，屢則必有肘腋之變，故無令衆人見而生異心也。此特爲濫刑妄殺者戒，亦根上暴字而發，乃權之不善者。腋音亦

批評　權係生死焉可不慎

故兵無他術察仁暴明備乘而權以行之勝斯生矣然勝敗亦無常也戰雖勝驕矜持之者死兵雖敗精專謀之者生

此總承通篇之意而結之勝敗無常惟權乃定驕矜則昧於權矣必暴而乘人精專則達於權矣必仁而自備此所以有生死之別身闖責者慎之（別音鼈）

持衡第四

持衡者持攻守而校其優劣如衡之低昂無差也古云鑑空衡平篇取此義蓋權雖

批評
先陳攻守之利害使人知所法戒極為確論

當達而不能悉其利害妄於攻怯於守則未有不敗者必察形審機行之而終於心氣斯可故以持衡繼達權

篇第四

凡以守待敵者佚以攻待敵者勞勞佚之相乘而利歸於守也攻則力合而難敵守則勢分而難救分合之相乘而利歸於攻也守之順者攻之逆攻之易者守之難攻守之相乘而勝負之機不定也故欲低昂之不可不如持衡然佚與逸同易去聲下易於易散同註同

通篇皆是析攻守之義此則先言攻守之利也以勞佚言守佚而攻勞故守得其利如韋孝寬鎮玉

壁因高歡之攻乃曰攻者自勞守者自佚卒使歡計窮力屈而逃以分合言攻合而守分故攻得其利如耿弇討張步步遣費邑軍歷下又分屯祝河泰山鍾城數十營以待弇併衆悉力攻之卒致步損將失城而遁以順逆難易言守順攻逆則逆必敗攻易守難則難必亡如劉錡順昌之守是順也而兀朮輕忽逆攻之安能破其城孟達上庸之守是難也而司馬懿八道易攻之安能堅其守故攻守之勝負其機又莫定也欲其定非如持衡惡乎能哉惡與烏同

衡之不持頓兵堅城之下暴卒風雨之中野掠之不獲而先登之不入此攻之菑也兵不稱其城糧不稱其兵救援之不達而犄角之失勢此守之菑也暴音僕菑與灾災同稱去聲犄音以文音機註同

此言攻守之菑兵頓堅城則難破卒暴風雨則易疲欲掠無得則食匱先登不入則傷多非攻之菑害而何兵不稱城難於分布糧不稱兵難於久持救援不達力益不支犄角失勢孤而無助非守之菑害而何若此者皆因不能持衡而強於攻守故也犄角牽其足而罥其首也左傳曰晉人角之諸

批評

此後俱言攻守之善識見句調精到

戕掎之是也易去聲掎上聲罥音絹

是以善用兵者違其留而乘其利用之以攻則守無術用之以守則攻無策此之謂持衡也

此承上二節言惟善兵者能之違去也乘因機取利無失也守無術則攻必勝爲有攻之留攻無策則守必固爲有守之留此乃明於持攻守之衡者下詳言之

是故善攻者喿以動之善守者靜以待之善攻者屢出擾之而使亂多方誤之而使虛善守者主氣蓄之而使銳客氣盡之而使衰

自此至末。俱錯論攻守之善。所以圖攻守之變。處乃總是持衡焉要衆動。揚其威也。如耿弇之陰脅巨理靜待。密其機也。如孔明之卻洒開門擾之誤之。則敵莫測而所備多。如伍員之三肆楚師蓄之盡之。則已有餘而人不足。如曹劌之三鼓後戰劌音貴

善攻者。破其所恃則勢孤。執其所愛則計失。觧其腹心則體潰。告以兵威則膽裂。示以俘囚則氣奪。俟其既困。然後舉兵以從之。而敵之城可拔也。善守者。塞其險阻以遏之。淸其原野以待之。絕其糧道以饑之。

刼其營壘以撓之。擣其巢穴以牽之。伺其既歸然後出以襲之。而敵之帥可擒也。巢音潮擣音島襲音習

破所恃。如建德擒而世充失其依。執所愛。如甫文斬而高峻無其計。解腹心。如范增讒去而楚羽亡。告兵威。如宣王叱使而文懿懼。示俘囚。如班超送虜首而善鄯服。俟其既困從之者。恐未困而忽速攻之。則所傷必多。而且難拔也。塞險阻。清原野。絕糧道。如李左車教成安君守井陘之隘。深溝高壘。假奇兵三萬。從間道絕韓信輜重。使野無所掠。刼營壘。如劉錡夜斫金兵營。折竹爲哨。乘電光以奮

擊擣巢穴。如蔣濟勸曹操結東吳襲荊州。關羽必返救而樊圍自解。伺其既歸襲之者。恐未動而躁急襲之。則彼有餘力。而且難擒也。使間並去聲。荊音刑。斫音着。嘞音吽。大呼高聲也。

夫攻貴於入。攻城而入其所攻。猶非善攻者也。守貴於出。突圍而出其所突。猶非善突者也。惟示之以攻而入其所不攻。示之以突而出其所不突。此攻守之妙也。夫音扶。

入其所攻者爲力難。所不攻者易。如耿弇徉救諸校。攻西安而直入臨淄。出其所突者爲力難。所不

批評
有此二者鮮不敗矣

實者易。如漢王夜出女子二千人而反走西門故入所攻出所實者為非善。而入不攻出不實者為妙也易去聲

且亡奴多至降虜必有泄機之失攻之當慮也姦民易於導寇此為室中之患守之當防也降音杭註同

此與下節又攻守者所當防慮軍機不可泄泄之致敗故攻當慮內患不可養養之禍大故守當防亡奴降虜泄機如李陵之軍候降匈奴言無後救且矢食將盡遂被峻稽之圍姦民導寇為患如韓世忠用海舟邀截兀朮有閩人姓王者教以海舟

批評
懼則戒心生信篤全勝之道

批評
攻心守氣兵

無風不動遂僨全人之績閔音民
故攻者懼突兵守者懼久困攻者懼敵和守者懼圍闕突兵則不慮久困則力盡敵和則難取圍闕則易散此兵之變不可不圖者舍衛何以也舍音捨
攻太急則有突然之出每防之不及而反敗守太弱則有日久之困每不能支禦而有失敵情和同則協心共效安能取之敵圍闕一則人思求出安能固之四者皆兵之變故可懼欲免夫懼必以之時警於心而如衡之較斯可也
然此特論其形與機變耳攻守實要於無形也攻者

攻其心守者守其氣則不滯於形而神於機變此持衡之至要也

此總通篇之意而結之攻至於攻心則如孔明之七擒七縱而服南蠻守至於守氣則如王霸之軍士斷髮而方奮戰所以稱攻守之善持衡者莫是過矣

諜間第五 間去聲篇內皆同

諜間者諜知敵情而乘間隙以入之也欲攻欲守非知敵情不可欲知敵情非諜間何以得之得則勝失則敗其機至微故以

批評
篇旨雖與孫吳同而中間議論自有機軸

批評
此篇隱非間

諜間篇第四。而繼於攻守篇。隙音乞篇內皆同

凡為將者。握三軍之權。司萬人之命。以與勍敵對。遂於原野相持而不知其情。是不偶也。相制而不制以術。是猛獸也。將去聲篇內同勍音檠

將係國之安危。三軍司命。而與勍敵為對。勝則生存。敗則死亡。欲圖其勝。必得敵情。而巧以乘之也。否則冥然罔行。徒尚其力。寧不自速於敗哉。不偶。有人形而無知識。猛獸逞狂跳而乏機智。故以之警愚暴之將。

是故伐人以其主賢。於以己伐之也。謀人以其臣賢

莫能意深詞簡

批評
喻得親切有味當玩當玩

於以己謀之也散人之交而合其鬪賢於以己鬪之也

此正制以術處賢猶愈也謂不費己力而功自成也伐人以主如陳平以惡草疑項羽而去范增謀人以臣如大夫種以寶貨賂伯嚭而亡吳國散交合鬪如張儀散六國之從而使之互相攻擊也嚭音否從與縱同去聲

譬之虎也者噬人者也剗虎之牙無不噬矣委虎以肉無不噬矣荷戈逐虎無不噬矣彈虎以石無不噬矣故使人剗其牙而我不自剗委人以為肉而我不

批評
舉間之大槩
而其妙自見

自委使人荷戈逐之而我不自逐我伏其身以彈虎而使人當其怒凡若此者皆伐人之以其主謀人之以其臣散人之交而合其鬪者也然非諜何以索其情非間何以投其術哉埶音示 劘音迷 荷音賀 索音色

此以虎喻敵明上節之意身當其虎必被所傷使人當之則可旁觀而取其利明用其力敵必相爭巧以乘之則可因隙而制其勝此乃諜間之功信不可不用也下言用之之妙勝敗之機

故欲得敵情而間之者當先採物價之騰平察風俗之好尚瞯人事之喜怒覘上下之乖和然後因隙間

親因倚間忠因利間爭因疑間廢詐其語言亂其行止離其腹心散其交與間諜之妙也好去聲間音見又音閑覘音占又去聲

此舉間諜之妙探物價四句總是欲得敵情然後八句正是行間之巧雖未盡餘可類推因隙間親如因燕惠之隙而間昧樂毅之親因倚間忠如因伯嚭之倚而間害伍員之忠因利間爭如因荊州之利而間餌吳蜀之爭因疑間廢如因項羽之疑而間致范增之廢詐者虛而欺之也亂者詭以誤之也離者潰內人也散者絕外援也嚭音否員音云餌音耳

批評 不惜千金其他可知議論真是懇切

批評 二者間之大害

是故間敵國者，在先得其情。欲得敵情者，必不惜千金。吝千金而失間之心者，敗也；捐千金而得敵之情者，勝也。此勝敗之機，不可不察也。

此言待間諜之勝敗。間為密事，賞之當厚。厚則人盡心力，而敵情無不知，故勝。不厚則人不愜願，而無心於效用，故敗。然則欲圖大功者，何靳千金哉。漢祖與陳平金，不問出入；項羽刻印刓忍弗能予。勝敗之機，正在於此。愜音怯，刓音頑，予與同用。

凡間諜之人，或望敵之風而傳偽於我，或被敵之虐而泄情於彼，此皆覆敗之所關也。覆音福，讀去聲非。

批評
古人違之而敗者多矣必竟當依此行

此與下節又言間之勝敗夫傳被之偽泄我之情比比皆然主將不察敗可立待則夫間諜之使安可非其人乎

故諜為敵擒而得歸者勿聽其言如得實情則顛倒而用之敵之諜者為我所得欲滅其跡則殺之因之欲用反間則厚之脫之此必勝之方兵之要也處己間敵間之法克盡故無不勝勿聽者不遽信也顛倒用者轉移其事使敵乖所之也厚之如趙奢佯為增壘而善食秦人之間脫之如武穆佯言糧盡而陰逸李成之諜

批評
間可用不可恃一句說透玄關

故間諜可用而不可恃用之者智也恃之者愚也

此通衆前意而結之以示警李靖曰水能載舟亦能覆舟間能成事亦能敗事此間諜之所以可用不可恃也用之謂善用之也指上指千金而得敵情言非識機者不能故曰智恃之指上望敵風而傳僞於我言即信聽之不察故曰愚智愚分而勝負判然則人將求爲智者乎將甘爲愚者乎信當擇而慎之矣

敵情第六

敵情者敵人之情狀也知之斯可以取勝

批評 得情即是知彼苟不知之真與無同變字用得有味

批評 此四事乃易見者

然有用間而得者亦有因形而得者故次於間諜爲第六間去聲

凡兩軍相拒匪我謀敵敵亦謀我於此不得其情而浪戰是矇瞶也其何以因機致勝哉夫敵情有可得而窺者有不可得而窺者多方之變無窮也矇瞶音蒙貴夫音扶下若夫夫敵同

此言敵情當知然其變多端知之有難易之別故將不可不察矇瞶目不明也易將並去聲別音鱉

是故風馳電擊者勢也火列星屯者形也五人爲伍極於萬二千五百人爲一軍者制也三才五行六花

八陣者名也此可得而窺也

此言情之可窺風馳電擊喻其戰勢之速也火列星屯指其兵形之盛也五人為伍倍而積之此古之制也三才天地人五行金木水火土乃太公所制六花左右虞侯各一左右一箱各一左右二箱各一其形六出乃李靖所制八陣有天地風雲龍飛虎翼鳥翔蛇蟠乃風后所制又有方圓牝牡衝方罘罝車輪鴈行乃孫子所制又有曲直銳卦車箱車釭鵝鸛衝陣乃吳子所制又有洞當中黃龍騰鳥翔連衡握奇虎翼折衝乃孔明所制此諸陣

批評
此後俱難識者故當察之句老意精克符孫子口氣

之名也。皆顯於外，故可窺之言易也。牝牡音品某 罘罝音浮度

行音杭 軏音工

若夫合而守，分而屯者，奇正也。大營處易，小營據險者，犄角也。寘行林麓者，伏也。潛越草莽者，覆也。設行觀兵者，將無能也。臨敵易將者，兵有變也。處上聲易覆將並去

聲下可易同犄音以又音機註同塹音 千去聲易將易字音亦下易衣註同

自此至非詳察之不可得也。俱是敵之情。合守分屯，如吳漢與劉尚分屯而復潛兵合之，出謝豐之不意，非奇正而何。易，平地也。險，險阻也。二處立營，敵難攻取，非犄角而何。犄角註見持衡第四篇。伏

藏也候敵來而起擊覆隱也從不意而襲人鼓行觀兵則兵勢弱而不振非將之無能而何臨敵易將則士心憤而不服非兵之有變而何見音現

易衣而行纏徼而出者用寡也列陣以戰分道而攻者用衆也我取其有而不較者害之也彼棄其有而不惜者利之也徼音皎徼足脛行纏也

因寡故變易以示衆因衆故分列以揚威利之所在人所必爭觀其失而不較可以知其牟於害觀其棄而不惜可以知其誘吾兵

強而示之弱者致我也弱而示之強者畏我也以強

爲強者摶我也以弱爲弱者誤我也鈴鼓旌旛衣服號令或效吾之制者亂我也以是而效強兵者弱也以是而效弱兵者強也摶音剝令去聲註同

兩軍相對除將之智勇兵之多寡外先當識強弱欲誘致我使勞倦也弱反示強因畏懼我故張大也本強而益爲強之形將震撼摶擊也本弱而益爲弱之形誤我全不備也軍中辨識惟在鈴鼓旗旛衣服號令效我制同是必戰酣之際或昏夜之時欲出奇以亂吾軍也然效亦有二效強必弱效弱必強此一定之勢也效制如馮異變服與赤眉

同之類[illegible]去聲
鳴皷樹幟於林谷揚塵聚煙於山野者疑也非所以
爲戰也所以走我而彼亦不来也設是而後至者虛
也設是而誘我之至者實也幟音熾註同
兵不離於虛實而虛實乃起疑之方故善用疑者
勝善識疑者不敗林谷山野作爲可疑之形者無
非引人之進阻人之退然欲知其虛實亦觀於彼
之後至與誘我之至而已蓋彼不至是其虛而設
此疑我也誘我至是彼之實而故設伏伺擊也設
疑如晉侯旆山澤而疏陳漢高張旗幟於山上之

類。旆音沛

激我射而不發者。盡吾矢也。激我戰而不出者。惰吾氣也。兩軍相薄。勢如風雨。我進而敵不動者。恃其有弓弩礮石也。我退而敵亦不追者。懼吾有奇伏。或誘或刼而中傷之也。礮音砲中去聲註同

殺人於百步之外者。弓矢之利。矢盡則無以及遠。臨敵有必克之功者。士卒之氣。氣惰則難以直前。薄。逼近也。相逼如風雨之驟。危急存亡際也。敵非恃弓弩礮石。何以我進而不動。非慮誘刼中傷。何以我退而不追。礮與砲同。機石也。誘。未敗佯退而

誘之入伏也劫引其來追而令別兵劫之也中傷不以正勝而陰用奇以中傷之也令平聲

凡此皆敵之情非詳察之不可得也

此通結上文言凡此二十四事皆敵情之所在隱微而難知者必須詳察得之斯可勝也

故我進而敵亦進者戰我退而敵亦退者散我退而敵進者或伏吾前我進而敵退者當防其姦是以敗而亂行分兵逐之敗而不亂斂兵勿追未敗而迯勿爲所欺既敗而復必謹察之此敵之情勝敗之機也

行音杭 復音伏

上言敵情未盡此又槩舉其進退之故也兩進必戰兩退必散乃自然之勢人所易見若我退而敵進恐吾之前有伏兵將夾擊也我進而敵退恐其佯走誘我故當防也與上我退而敵不追互相發同敗也而有亂不亂者亂者亂爲眞敗當逐而不亂者僞也故勿可追追則恐墮其計也未敗而先逃必有伏兵伺我既敗而復來必有報怨私謀一僞所欺而不察則將入其伏而昧於應矣此亦敵之情知之者勝不知者不勝其機可不慎乎

知得敵情乘而勿失不得其情形之乃知能形敵而

批評忌畏忽易四家說透兵家之狀

得其情者兵之妙也

承上言得敵情有可勝之機則當乘以速進而不可失若未得情必以我之虛實强弱形之乃爲可知夫敵情亦難得而得之由於形之則形敵誠兵家之妙用也

夫敵不示我以情示猶我不以情示敵也故兵之所忌者未必其可畏而可畏者或出於所忌之外兵之所忽者未必其可易而可易者或出於所忽之中苟能眞知可畏與可易然後可以語敵矣註同

此總一篇之意而結之言用兵以得敵情爲要而

敵情實隱微而不露所忌敵之情爲我所忌也畏我因忌而生懼心也所忽敵之情我可忽之也易我因忽而生輕心也夫人忌者必畏而又未必可畏或出於忌之外則當無所不畏忽者必易而又未必可易或出於忽之中則當深戒夫易果能於忌中而知不足畏於忽中而知不當易常畏而不易焉是敵雖欲隱其情吾知無隙之可投情終爲我所得而勝之必矣故可語云者許之之辭也

投筆膚談卷上終

投筆膚談下卷

浙江解元鍾吳何守法撰音點註
門弟庠生三吳何守禮
門生進士鑑溪王家卿
武舉紹巖王世威
繼巖王世興
調宇陳廷和　同訂正

軍勢第七

軍勢者三軍之體勢也其轉移虛實強弱
全在於將將非賢能不可任之不專亦不

可將賢而任專，斯軍勢強實而戰無不力矣。蓋上篇言當得敵情，若無賢將以治兵，則軍勢虛弱而不振，雖得其情，亦難於取勝也。故以軍勢繼之，爲第七篇。將去聲

批評：以虛實強弱言勢，何等親切。

將之用兵，實則勝，虛則敗。虛實之分，勝敗之機也。實而虛，虛而實，實實而虛虛，虛虛不與焉。實實虛虛，戰道也。非所以言軍勢也。軍之勢，亦觀於強弱而已。然強不期實而自實，弱不期虛而自虛，故即強弱而虛實可知也。即虛實而勝敗可判也。將去聲，篇內皆同。與音御

此先以虛實強弱論軍勢。實則勝四句，以定體言。

批評
將統士卒。如心爲一身之主。心正則身安。所以當重。

批評
將必如此三

實而虛四句。以變化言。蓋虛實無形。而強弱有迹。然強自實。弱自虛。亦必然之理。故欲知虛實。當先觀其強弱也。大抵虛實由強弱而生。勝敗因虛實而決。即此可以推彼。故曰可知可判。

且三軍之勢。如人一身。大將。心也。士衆。四體百骸也。軍需輜重。飲食也。教練紀律。體悉賞罰。所以培植元氣振勵精神也。是三軍之勢。莫重於將。選將之道。不可不慎也。

此以人身喻軍勢。而歸重於將也。

夫將有儒將。有武將。有大將。儒將者。決勝廟堂者也。

者方為有益

批評
用將如此禮
何患無成功
惜乎今之不

武將者折衝千里者也大將者深明天地兼資文武者也凡此三者國之柱石民之司命而非偏裨之選也（夫音扶下夫何夫然同折音浙裨音卑又音皮註同）

此言將有三等非偏裨可比也決勝廟堂如張良運籌帷幄之中決勝千里之外折衝千里如韓信連百萬之衆戰必勝攻必取深明天地如孫子之知天知地兼資文武如吉甫之萬邦為憲折毀斷也衝旗卒也折敵之衝言全勝也

聖王之選將也必擇是材而用之苟得其人授之專閫不中制不外監不分權不信讒故養兵者主也治

然

兵者將也兵之權不握於主而握於將然後將得以盡其才。監音間註同

此言古聖王選任將帥之道總是上惟養兵而不侵其治兵之權則將能治兵可盡其破敵之才不分權如漢高因蕭何薦韓信築壇具禮拜為大將而任之宋太祖遣曹彬下江南賜以匣劍副將而下不用命者斬之不信讒如魏文侯使樂羊伐中山謗書盈篋而不問燕昭王使樂毅圍臨淄謗言日至而無疑此所以俱能成功若唐玄宗督哥舒翰進戰則中制矣魚朝恩為李光弼監軍則外監

批評詞精義正嚴然今之獘也

矣安得不敗乎真可為萬世之法戒篋音怯

凡兵甲冑之不堅袒裼也器械之不利徒手也其法三不當一枵腹以待敵猶病體也羸馬以入陣猶病足也其法五不當一手足之不便猶縶縛也行陣之不閑猶荊棘也其法十不當一上不愛下下不親上厚賞之不激而苛罰之不畏是猶心亂而肢痿也其法百不當一冑音紂袒裼音坦息四當並去聲下同枵音鴞羸音雷縶音至行音杭痿音委後註同

此與下節明篇首實則勝虛則敗意此則言將不能治兵其勢弱而難以當敵也三不當一者無甲

批評
此正是聖賢保邦心法

批評
脩保軍勢無

胄器械也。五不當一者。乏糧儲芻秣也。十不當一者。昧於步伐止齊也。百不當一者。失於鼓舞振作也。此見兵不治而勢弱。去敵至於百倍。如此。非虛而何。此所以敗也。秣音末

故能教戒於先。則梃可格刃。以一當十之兵也。使民親其上。死其長。則心雄敵愾。以一當百之兵也。一當五。一當三。未何言哉。長上聲 愾音慨

此言治之有素。則軍勢強。而可以無敵。義與上節相反。亦至百倍。強必實矣。此所以勝也。

是以其道可數焉。足其芻糧。備其鎧器。習其擊刺。熟

出於此

其進止。明其分數。諳其旗技。正其體統。嚴其號令。未已也。又恤其饑寒。憂其疾苦。別其功過。公其賞罰。均其勞佚。釋其疑貳。則三軍之勢不傷。而日漸強實矣。

可數之數上聲鐨音概諳音庵令去聲已音以別音鷩詿同

此言治兵之道。足其芻糧則無枵腹羸馬矣。備其鎧器。則無袒裼徒手矣。習擊刺。熟進止。明分數。諳旗鼓。正統體。嚴號令。則教戒於先。而無縶縛荊棘之患矣。恤饑寒。憂疾苦。別功過。公賞罰。均勞佚。釋疑貳。則人皆親上死長。而無不愛不親。不激不畏之弊矣。此三軍之勢。所以無傷。而日漸強。強自實

批評　驕玩非一日所成善兵者必無此弊

批評　軍勢至此真可無敵於天下

也梟音鳥羸音雷袒裼音坦息

然兵不可使驕驕則難制。不可使玩玩則難用。故善用兵者。體備上十四事而時出之。先之以身而非褻也。浹之以和而非懦也。撫之以仁。而非姑息也。斷之以刑。而非殘忍也。勵之以義。而不賞自勸也。教之以禮。而不怒自威也。夫然後驕玩不作。三軍之勢。如山之重。如火之烈。如雷霆之迅速。如江漢之不竭者。強實也。褻音雪浹音接

此亦治之之方。所以足上節之義。驕者。狎恩恃愛也。玩者。廢時窺視也。善兵者知之。故能治。先之以

身六句。正是治之事。是以軍勢强實。而不流於驕之難制。玩之難用也。如山持重。喻其莫能動。如火能烈。喻其莫能當。如雷霆迅速。喻其不可禦。如江漢不竭。喻其不可止。軍勢至此。一當乎百。非賢將何以能之。非聖王選之精。任之專。何以致之。信乎論軍之勢者。先於統軍持勢之本。求之斯善耳。藐音 聊迅 情信

兵機第八

兵機者。用兵之機括也。上篇言軍勢。所以壯我之勢。勢顯於外。雖足以壓敵。苟無機

批評
天之中否係乎一機兵之勝敗亦係乎此機亦妙矣哉

批評
知機方可用奇正善於奇正者非知機亦不能

以運量其間則淺露而易見何以收萬全之勝故以兵機次於勢爲第八篇量去聲

凡用兵之法主客無常態戰守無常形分合無常制進退無常度動靜無常期伸縮無常勢出沒變化敵不可測此之謂兵機

惟無常則運用之妙存於心矣故曰機

故以奇爲奇以正爲正者膠柱調瑟之士也以奇爲正以正爲奇者臨書模畫之徒也我奇而示敵以正我正而示敵以奇者知勝者也我奇而敵不知其爲奇我正而敵不知其爲正者知勝之勝者也凡兵之

批評
用兵若此果
可語機

所交陣之所向勝負決於斯須存亡辨於頃刻者無非奇正形之也。

此槩論奇正之用。膠柱調瑟不合變者也。臨書模畫不善變者也。惟奇示之正正示之奇則能變矣我之奇正敵皆不知則變而神矣能之者勝而存不能者負而亡皆奇正使然也。

故善制敵者愚之使敵信之誑之使敵疑之韜其所長而使之玩暴其所短而使之惑謬其號令而使之聾變其旗章而使之瞽秘其所忌以疎其防投其所欲以昏其志告之以情以款其謀惕之以威以奪其

氣。暴音僕令去聲襲音習秘音閉註同

此十事乃藏機而用處愚之使信。誑之使疑。如陳平易大牢以惡草愚誑項羽。羽即信之而疑范增韜長使玩暴短使惑。如韓信潛遣赤幟而故陳背水使趙人玩惑之底於敗亡。謬其號令。如武穆得李成之諜佯世食盡縱之而誘其來攻。變其旗章。如馮異與赤眉戰。變服與同亂之而致其莫識。秘忌疎防。投欲昏志。如越王隱其教訓復讎之志。陽為恭順獻納之勤。俾吳王日肆驕淫而忘備。告請欵謀。如華元登子反之牀。直陳宋之困餒而楚

批評
前言奇正此言虛實俱是機之妙處義亦互相發

師果退煬威奪氣如寇恂集諸縣之兵大呼劉公兵到而蘇茂陣動此皆機之所在也煬音亦熾音翅華音話

故敵之實我虛之我之實敵不可得而虛也敵之虛我乘之我之虛敵不可得而乘也我實其實將以敵也我虛其虛將以疑敵也我實其虛將以違敵也我虛其實將以致敵也虛實之機變生於敵淵徼之妙鬼神莫知然後能扭敵而成功

此因上十事而又以虛實總言機之莫測也能虛敵之實而乘敵之虛我不爲敵所虛所乘則本立矣由是實而即示實將從敵與之戰也虛而即示

批評
敵機之善否能知之斯可乘之亦將之所當吃緊

虛將疑敵使不進也本虛而實之將乖違敵之心志也本實而虛之將引致敵之自來也變化幾微隱而難測故敵惟溺於近小之利我可成其遠大之功也

夫敵兵強而驟進者氣之暴也師老而遽退者罷之極也舍而不我逼者慮有巧也去而不我追者懼有謀也分兵以戰中軍潛突而敵不悟者迷於害也合戰必却左右搖擊而敵不震者汩於利也累挫之敵不煩頻旅示之以旌而可遁者餘威之所震也故傷弓之鳥可以虛下決蹯之獸可以驚奔夫音扶罷音皮舍音捨必

上聲汩音谷
潘音煩註同

此言不惟藏己之機猶當知敵之機兵強驟進如

項羽聞沛公先入關大怒饗士期旦日破之是其

暴也師老遽退如高歡攻孝寬於玉壁苦戰六旬

而困乘夜以遁去是其羸也舍而不逼如先主平

地立營而遯不敢犯是揣之有巧也去而不追如

孔明退師祁山而懿不敢追是疑其有謀也分兵

潛突如越之伐吳先鳴鼓分兵既以中軍潛涉兵

乃不悟而分應是昧於攻其無備之害也少却掩

擊如唐之建成先義師少却既而太宗橫擊老生

批評
深達兵機則制敵而無慮其衆況未必衆乎

不虞而被擒是溺於乘隙輕進之利也示以雄而可遁如金兵驚見順昌旗幟李成驚聞岳家軍來若非震於劉錡武穆之餘威何悉遁如此傷弓之鳥四句乃古語引之以証餘威懾意此皆敵之機我亦不可不知也幟音翅　隙音乞

其藏機誤敵之妙使之履危蹈險而不覺誠如投於水火中故敵欲戰而不能勝也欲守而不能固也欲分而不能散也欲合而不能集也欲進而不能前也欲退而不能去也欲動而不能奮也欲靜而不能安也欲伸而不能張也欲縮而不能斂也以我較之無

分於主客有機存焉則彼雖衆亦何慮其不敵哉

此直關首節言敵中我機故行皆窒礙雖衆亦無益也（中去聲，礙音害）

是以善用兵者天時不能爲之撓地形不能爲之阻惟能因機而制變擇利以行權則電霧風雪爲之資險易廣狹爲之用（易去聲）

此見兵之有機乃人之所設將既能盡人事則天時地利不能撓阻而反爲吾人事之助矣機誠兵家要夬夬（夬音扶）

戰形第九

批評：戰形有所以，乃察微探玄之論。

戰形者。臨敵合戰之形也。上二篇勢實機深。固足以制勝。而戰之形有未識。又何以預決彼已之勝負。故列戰形爲第九。

夫兵有戰之形。有所以戰之形。鼓行旌指。兵刃相搏。戰之形也。虛實藏勢。向背隱機。所以戰之形也。故知戰之形非難。而能知所以戰之形爲難。能知所以戰之形則能因形以措勝。因形以措勝者。上智也。犮音扶搏音剝

用兵者多徒知戰之形。而求其知所以戰之形者。則鮮矣。故每泥惑於戰之形而取敗。若能知其所

批評　意見因全訶句遒勁

以因之變化自無不勝非上智之將而何鮮上聲泥將並去聲

戰有必勝之形者五得天之時者勝得地之利者勝得敵之情者勝得士之心者勝得事之機者勝此五勝者虛實之勢也將之用其形者得其一勝之基得其二勝可期得其三勝可必得其四民乃歸得其五天下無敵將去聲

此舉必勝之形有五將能得之斯勝惟全得者為無敵也虛實之勢謂彼我之間得之者實失之者虛見當慎之不可自去其勢也得天時勝如崔浩

謂五星並出東方。利西伐。果大破赫連昌之類。得地利勝。如趙奢先據北山。秦人爭不得上。遂大勝之之類。得敵情勝。如韋孝寬以金貨遺齊人。盡得其動靜。卒能間死明月之類。得士心勝。如李晟以忠義感發士心。雖盛夏衣裘無攜怨。卒能破朱泚之類。得事機勝。如漢高爲義帝發喪。名羽爲賊。卒能破楚之類。將間並去聲晟音成泚音子

戰有必敗之形者五。謀人而使人知者敗。詐人而使人識者敗。間人而使人反者敗。乘人而使人覺者敗。攻人而使人襲者敗。此五敗者。向背之機。用其形者

之失也。五者之中。若有其一。敵無人焉。猶或庶幾。敵如有人。敗復何疑（間去聲　襲音習　註同）

此舉必敗之形有五。言五者斷不可有一。有則決爲敵所敗也。僥幸於敵之無人者。豈良策哉。向背猶言順逆。向背之機。謂此五者順其機而行之。原有可勝之理。惟逆其機而露其形。故失於不密而害成耳。諜人使知。如陳餘不聽左車堅壁清野。間道絕糧之謀。而韓信得以諜知之類。詐人使識。如王恢覆兵三十萬於馬邑之旁。而匈奴聞詐驚去之類。間人使反。如秦人用間。趙奢反留壁增壘而

批評
此正是校量彼也

善食遣之之類。乘人使覺。如秦孟明提兵百萬。千里乘鄭。致弦高傳告於穆公。而秦之三大夫皆奔之類。攻人使襲。如關羽悉力攻樊城。不虞曹操結吳。使呂蒙得暗取荊州之類。僥音交 操去聲

故知兵之士。審其虛實。察其向背。以我量敵。以敵量我。敵得勝之形。我雖無敗之形。難保其不敗也。敵有敗之形。我雖無勝之形。可冀其能勝也。況勝在敵而敗在我。敗在敵而勝在我哉。吾兩持度之。勝負可知矣。量去聲 度音鐸 註同

此總承上二節。言彼我之間。敵得勝形。則我無敗

批評

此因形措勝之妙，軍之急務。

形者。亦難求勝。敵有敗形。則我無勝形者。亦未必敗。又何疑於勝敗之形相懸者哉。故度之而即知也。

是以因形而推之。以制戰。敵飽我饑。則掠不容緩。敵衆我寡。則險不容失。敵強我弱。則謀不可以不急。敵攻我守。則備不可以不周。敵佚我勞。則銳不可以不蓄。敵動我靜。則變不可以不圖。此不惟知勝之形。而且知制勝之術者也。

此又於戰形之外。推言制勝之術。蓋非縱掠不足以濟饑。非據險不足以用寡。非急謀不足以推強。

非周備不足以禦攻。非蓄鋭不足以恤勞。非圖變

不足以制動。故皆云不可者警之之詞也。

明乎此者。雖未合戰而勝之形已在於目中。不明乎

此而強以戰。徒多殺兵耳。已音以強以之強上聲

此字。指上六事。皆制勝之術。故明明則勝可先知。不

明則敗可立待。有閫外責者。其圖之哉。

方術第十

方術。多方之巧法也。幻術。妖妄之邪行也。

二者能之斯可以佐吾之勝。知之斯可以

免士之灾。故於戰形之後而以方術爲第

批評　巧字一篇大意

批評　此後俱言方術

十篇欲將之究心於所用亦能應夫卒也（幻音患篇內皆同將去聲夫音扶卒與猝同）

兵也者以巧取勝者也故通小術者可以集大事精小藝者可以成大功術不厭卑陋藝不厭微賤惟兵爲然也

此言兵不可泥於常法當變通詭道以愚惑之故凡小術小藝堪以佐勝者軍中亦所必資此舉其大意下詳列之（泥去聲）

彼刻木爲鳥束蒭爲人樹柵爲城結草爲陣者所以形敵而使疑也（柵音策）

此是僞設以愚敵人之目。

川流可引。山陵可通。阜可移。橋梁可易者。所以逢害而邀利也。阜音父 易音亦

此是變通以爲吾軍之利。

發機轉車。激輪行舟。裂布懸幢。燃火飛鎗者。所以利吾之用也。幢音撞又音 牀旗旛之屬

幢此是功製以便吾之用

連鷄縱火。封鴿代諜。馴獼契嘗。驅獸突重者。所以因物之利也。獼音迷 重平聲

獼猴。也此是因物以用吾之謀

洒水凍塗浮塵蔽淖機橋陷馬闕地羅兵者所以設穽害敵也淖音鬧穽音凈

此是設穽以爲敵之害。

火焚舟楫水灌都城飛石撞垣擲鈎取物者所以達兵之不及也。

此是借勢以達兵之用。

聯牛以導水拜井以求泉積水以成垣列椿以緩浪所以濟兵之窮也椿音莊

此是用權以濟兵之窮。

火可以動機水可以運軸物可以變遷人可以出沒

者所以愚敵而使之不測也。

此是隱伏以誤敵之心。

故兵可爲妖可爲恠可爲神靈可爲鬼魅魅音木下註同

此又總言大意以起下。

是以狐鳴告祥鬼災告異神甲晝見魔兵夜出所以駭其耳目亂其心志使之奔走惶惑而不能與我戰也見音現

此是上節所言妖恠鬼魅乃皆人之假作也。

甚至風可以祭而得雨可以禱而求雲霧雷電可以術而致千變萬化無窮者莫非所以佐吾之勝也。

批評：此後俱言幻術

此是上所云神靈之事乃術之使然也千變萬化二句恐前所列未盡故復總言以該其餘

若夫幻妄之術亦世之不能無者敵或借之以爲用而我猶不可以不知故諜之所告心當預明（夫音扶下夫同幻音患後皆同）

此又舉敵每用幻術惑我不知之明則必驚懼無措故將亦宜悉諳於平日然後倉卒應之無難也（諳音庵烏含切卒與猝同）

彼百步之外數里之內忽焉而有營屯之壯麗兵馬之浩瀼近聽不聞鏕甲之聲遠聽不聞鉦鼓之震者

幻也瀼音攘平聲 鑣音標 鉦音征

此是有形無聲之幻。俗云金遁似之。

壁壘之上鳥鵲不飛甲兵之覆衆且駭竄突然而有猛獸毒蛇入我營陣能徃奔踉跳不能搏擊吞噬者幻也鵲與雀同 覆去聲 踉音浪

此是有形無傷之幻。

山陵川原自有定位忽焉高山峻嶺塞阻路岐巨浪洪濤望洋無際林木森布火焰四張土人所不及知鄉導所不能辨者。幻也。塞音色

此是山水樹火忽見之幻。俗云水土木火遁似之。

批評

以機權剛正

爲應破之具

至當之論

至駕鸞爲云剪紙爲馬拋石揚沙驅雷走電乘草龍以入陣飛實劍以擊人者。幻也。

此奇而又奇之幻。可見之實用者。最當防之。

夫方術之術。實理也。幻妄之術妖邪也。禦方術者以機權破。幻妄者以剛正。則我有以勝敵而敵無以勝我矣。

此通結上所列者而言。方術幻術在我能之固可以佐勝。若敵以之愚我誤我則用機權以禦方術用剛正以破幻術此不易之理也。機權者謂隨機而用權以應之剛正者謂出我之剛直正大以鎮之見其不能爲害也。

批評
此篇所載雖
云物異實巨
細精粗咸備
而能由此而
推極之則用

物畧第十一

物畧者。凡飛潛動植有形之物之大畧也。上篇言方術幻術當知。此篇言天下之物。凡可資於軍中之用者。亦所當知。庶明於心者。利於行。有勝而無敗也。故以物畧爲第十一。

天下之物理。有相生者。有相尅者。有相感者。有相成者。有相制者。有相勝者。有言其性體者。有言其聲氣者。有言其形勢者。有言其作用者。雜然並撰。分類別

無不利矣

行。凡有利於兵之事者。不可勝窮也。姑舉大畧言之。别音鱉行音杭註同勝窮勝字平聲

此總明萬物無窮。惟舉大畧撰。具也。類相同也。行。等列也。

圓者易轉。方者易置。欹者易仆。直者易植。窾者易浮。銳者易刺。牝者易變。牡者易入。剛者易折。柔者易曲。

此皆物理之常。無定為異。易去聲下易溫同欹音欺仆音府窾音款去聲牝音品牡音某析音舌註同

此先舉理之常。人所能知者。後則言相生等類也。

金火相守則流。

金沉者火尅之也。

火木相得則炎。

木能生火故火得木則必相成而炎燒也。

以金擊石則火以木鑽木則燃。

擊則勢猛故火生鑽則薰灼故火燃。

又若火遇風則熾遇水則滅水遇寒則結遇火則竭。

火熾因風者相成也滅因水者相尅也水結因寒者相成也竭因火者火多勝水之少也。

火虛則不燃實則易燼水流則不腐止則易溫。

火虛不燃即穴不燎毛吹不燒燭也燼焚盡之餘

也。水流則動，故不腐臭。止則停滯，故易於溫煖。又

傳弱者不能行舟載物。

下火既炎，則上火益熾。下流既遠，則上流自緩。

火性炎上，故下焚者上益盛。水性潤下，故下流者

上自緩。

此五行之本體然也。

結言上所論者，皆金木水火本體自然。

故以火焚石者，激之而後裂；以水灌城者，決之而後

傾。

此言用水火者，雖能傷害，然必借勢行之，方可成

功不激則石未崩裂不決則城不傾頹也

是以備水攻者當防其上流禦火攻者當斷其上風斷音段註同防上流者懼敵之決水也斷上風者懼敵之乘風也然防之猶不若先居上流者之為得斷之猶不若不近草莽之為安不得已而一時遇敵防之斷之可也已音以

蓋火可撲也亦可煽也水可壅也亦可導也此水火者所以濟攻而非專攻所以攻人而亦慮人之反攻也煽音扇註同

火可煽起水可壅至故能濟吾之攻亦可撲滅可導流則不當專恃以攻也慮人之反攻者蓋風候無常彼我之地勢相似也如劉元進攻王世充因風縱火俄而風迴反被燒死智伯約韓魏決水灌晉陽既而趙殺守堤吏反受灌以亡故當慮也。

天下之物猶有入火不焚者入水則沈入水不溺者入火則化欲制其用者亦不可不利導之也。

此言物之利於水火不同因勢而用者方得其利。

故亦附於水火之末。

向月窺林者暗背月窺林者明此光影之相乘也故

備夜戰者。以火燭敵。常使我隱而敵見也。見音現註同

以火燭敵。即虎韜必出章云。設雲火遠候。必依草木丘墓險阻。意蓋我隱而伏則敵莫測。敵形外見我可擊之也。

順風而飛則翼張。逆風而行則肩竦。此順逆之相反也。故驚塵突烟。借勢之。雖百萬之衆可奔也。

此與上禦火攻當斷上風意互相發。蓋驚塵突烟。人之所苦。順風固可以迷敵。而我值逆風亦當知防也。斷音段

甕口藏聲。空隙傳響。此聲聞之相通也。故谷中語如

附耳山頭語如對面而山谷之應聲亦可資之以助兵威也鼙音辟嚟音乞即山谷之應聲可助兵威則軍中之鉦鼓當多設亦可推矣鉦音征

螩見識旱鵲呼多晴鳩暮鳴則雨鳶朝戾則風半體之魚雖死懸其波可以知海潮之信者此氣之相感也螩音條註同識音潮鳩音斜

此言天之旱晴風雨地之海潮消長不但考於陰陽等書可以預卜物類亦有先知也螩螩蟰狀如黃蛇魚翼出入有光見則大旱出山海經見音現

磁石引針。汞汁鎔錫。黿脂得火則銷鐵。栢膏遇熘則爍石。樺木然燈遇風不滅。樟腦爇火近衣不焚者。此性之自然也。磁音慈汞音烘去聲汁音執爍音若樺音話爇音雪

汞汁即今之水銀樟腦。一云韶腦。

火晶向日則燃艾。煅石入井則起雷火。焚鷄羽而風颷生。鐵入蛟潭而雷雨至。此形之相擊而理亦相通者也。晶音精煅音端去聲颷音標與飇同

金盃注酒遇鴆則燄生。銀箸嘗食遇毒則色變。飲酒入瘴鄉則煙嵐不染。列炬過深澗則陰氣不侵。此物相勝也。鴆音振下同瘴音障嵐音藍

鴆毒鳥食蛇以羽畫酒飲之即死瘴鄉如今之兩廣也煙嵐山之毒氣飲酒則血行氣盛故不染炬火燎也火屬陽明故陰濕之氣不能侵及

角煙獮山可怖山獸鞠煙覆水可制水蛩野葛之毒解於蕹菜鴆羽之毒解於犀角此物之相制也鞠與菊同

覆去聲蛩音窮蕹音雍註同

鞠爾雅注云即秋華菊也蛩蛩巨虛獸名一曰蟬蛻也野葛蔓草根有毒蕹菜葉作汁可制治之鴆解見上犀獸名毛如豕蹄有甲頭如馬有三角鼻上食角短頭上額上角長角上白縷直至端者曰

通天犀。食之可治鴆毒。（華與花同 汁音執 縷音呂）

肉可晒之以作糗。穀可庾之以爲糧。魚可乾之以備羞。乳可取之以供酪。在山有榛栗之實。在水有菱芡之米。皆可採之以濟饑者。此物之有用也。（糗音丘上聲 庾音雨 乾音干 酪音落 註同 榛音臻）

糗。乾糒也。穀。五穀也。庾。在野小倉名。乳。諸畜之乳也。酪。夷虜之酒名。用畜乳爲之者。（畜音觸）

社貍之足可制鞗革。氂牛之尾可著旌竿。牛馬之胞可作浮具。狼駝之糞可備烽烟。此以無用爲有用也。（貍音離 鞗音條與鋚同 氂音茅與斄犛同 狼與狠同）

社貍野猫也。俸葦。其皮可飾韉也。很駝糞燒烟不散。直上甚高。故邊堠用之以傳警息。

妖狐巨貍之跡。踵之可以渡河氷。野馬黃羊之蹤。循之可以得水道。以至駝足之所據。蟻垤之所築者。可即之而知伏泉。此因物之靈以爲用也。蟻音以與螘同 垤音㲲

狐貍性多疑。遇氷則貼耳聽之。無聲方過。故有其跡者。氷必堅厚而可渡。水道伏泉亦此類。大抵蠢動含靈。無非物性。故因之而可知。蠢音春上聲 尺允切

是以知兵之士。察物之理。究物之用。總括其利。不遺微小。則雖百萬之衆無所窮。千里之遠無所困。

批評

此篇論地勢寫詳明轉移有法讀之而

此通前而言物之無窮如此能察理用之則必皆得其利故可以統衆而遠征不知兵者厭爲微小而昧之安足以濟其用哉。

地紀第十二

地紀者地之大要猶云綱紀也上篇言爲將者當知物畧此篇言地利乃兵之助尤不可不知而知之能極其詳然後用之無不勝也故曰紀特列於第十二。

凡地之大勢有六一曰要地二曰營地三曰戰地四曰守地五曰伏地六曰邀地。

三利字當眞在目中見未用發激二字拄爲見大

地本無六者之名自人視之乃有此六等故首揭之詳見於下（見音現）

要地者山川之上游水陸之都會可以踞據控引者也（控音空去聲）

此下釋六地之義要地如孔明謂荊州北據漢沔利盡南海東連吳會西通巴蜀此用武之國益州沃野千里天府之地若踞有之漢室可興之類（沔音免　沃音屋）

營地者背高而面下進濶而退平利水草可依旁者也（旁去聲與下傍罔傍字同）

如孔明伐魏六出必於祁山後駐師五丈原與民雜耕渭濱之類。

戰地者平原廣野之衢草淺土堅之處可馳騁突擊者也騁音逞

如周德威勸莊宗退軍鄗邑用騎兵大破梁將王景仁之類鄗音霍又音杲

守地者川流環抱之區山坂峻險之塞相為聯絡而不斷者也塞音賽下門塞同斷音段

如張良謂關中之地披山帶河四塞為固阻三面而自守獨以一面東制諸侯之類塞音色

伏地者。層山廣谷之中。茂林蓊翳之所可以藏匿誘引者也。蓊翳音擁意

如孫臏謂馬陵道狹。而旁多險阻。乃令萬弩夾道而伏。射死龐涓之類。令平聲

邀地者。間道岐路之鄉。關塞要津之扼可阻絕而橫擊之者也。間去聲下同註同

如李左車謂井陘之道。車不得方軌。騎不得成列。從間道絕之。則進不得鬭。退不得還之類。陘音形騎去聲

此六者兵家之善地也。得之者勝。失之者敗。得失之機。將當先知也。而地之利害不與焉。將與並去聲註同

批評　總結上起下極爲有力

此承上言六地雖善然必得之斯可勝失之則無所藉寧能免於敗乎故將當先知其機也利害不與謂先止論地勢而或利或害未之及也觀下文自見。

故山陵川澤者地之所有也廣隘夷險易阻者地之自然之形也趨避向背者人之用地之利也鑿山穿陵引川涸澤者變地之形以為之利也（易去聲下平易同涸音鶴）

此言地有自然之利人當變通因之。

故苟得其利則雖彼強而我弱彼衆而我寡輕重之勢若不可支疋以抗之而取捷也彼佚而我勞彼飽

而我饑虛實之勢若不可變足以鈕之而無損也彼車而我騎彼騎而我徒侵軼之勢如山如風足以當之而莫毒也騎去聲軼音直又失佚二音

此言得其地利則爲吾兵之助故其效如此

是以知兵之士按輿圖之紀採鄉導之言察去取之實以爲臨敵之用則地之利害可盡知矣

此承上言得地利則我軍雖不如敵亦能勝而不敗故知兵之士每究心於地而利害自悉知也

故建城邑者擇沃塞襟江河者占上流處林麓者求水泉也洲渚者備樵採近草楚者防火攻依谷口者

忌水激居洿下者警決灌傍岡阜者慮竊窺戰平易者設險於其間值迂隘者陳兵於其外沃音屋塞音色占傍並去聲處上聲洿音蛙註同

此言地之利害將當預圖預防沃膏腴也塞險固也非沃塞則衆難以聚襟江河憑天塹也非上流則敵易於侵林麓多無水故先宜求之洲渚每乏樵故先宜備之近草雖可以布疑然嵐起則易焚依谷雖可以拒衆然水發則易漂洿下者水之所聚警戒之庶免其灌岡阜者登之可望慮度之庶絕其窺平易之地利於戰不設險則何以禦敵而

自保迂隘之途利於守不外陳則何以展布而張
威故爲將者於此等諸地既當圖其利尤當防其
害也將去聲塹音千去聲度音鐸
然猶有一定者山圍水繞不敗之規也居高視下可
勝之基也絕澗峭峯必危之方也卑濕沮淖喪生之
域也沮音苴淖音鬧喪去聲

此言地之利害有一定而非人所爲者

蓋彼利則我害我利則彼害利害相懸固難與敵然
彼利而致之則其險可奪彼害而促之則其衆可殲
我利而守之則彼不得逞我害而反噣之則彼亦疑

而不敢逼也。籤音于

此又總言以足上意。夫利害本不相並。値其害者。固難與利者為敵。而轉移默奪之機。實存乎人。致之者。因彼得地利而引去之也。彼去則為我所得。促之者。因彼在害地而迫促之也。受促則彼必危若綫之。寧不生計乎。守之者。我守其利而不動也。不動則彼無由以逞志。反唱者。我在害地而反虛張聲勢以唱之。則彼疑其或援至。或突出。而不敢逼近也。若不唱而示之危。寧不使敵來攻乎。故惟致之。斯利可奪。惟唱之。斯害可脫也。然亦為一時

批評
能警能激必勝而無敗矣將兵者最宜先務

適然者言究其極必如趙充國之逐斥候。衛青之用張騫。庶不陷於害地。而常得其利。勝敵何有哉。

夫音扶

夫得利者不可怠其心。失利者不可挫其氣。不怠其心。警師是也。不挫其氣。激衆是也。警吾師。則敵不得以乘其隙。激吾衆則士知必死。而皆畢力以奮爭矣。

夫音扶 隙音乞

此結言地雖有利害。處之皆當有道。警師者。警戒軍中。不可因得地利而怠忽於守。反爲敵乘也。必如程不識夜擊刁斗。激衆者。激勵軍中。不可因失

地利而懼害挫氣。不能圖出也。必如班超激怒從士。警與激勝。道無餘蘊矣。處上聲刁音凋俗讀刀非

天經第十三

天經者。天之運行。猶云經緯也。上言地之利害。此言天之象數。見知地者亦當知天。惟知之可假以取勝。不知則無變通。適重三軍之疑畏也。故以爲第十三。然列之於終者何也。葢天道無形。泥之者多敗。欲人先脩人事。如本謀家計篇所言。而不可專恃之意也。不然。何以孟夫子曰。天時不如

批評
此篇先言天時不足憑將當專脩人事轉移之故可假之以克敵亦可詭之以自免末則直言天命果有惟當聽之也見大詞正足破群疑

地利地利不如人和。法曰。上不制於天。又曰。天官時日明將不法。泥將並去聲寒暑推遷者。運也。日月星辰者。象也。風雲雨雪。陰霧雷電者。化也。孤虛旺相者。數也。推音退平聲相去聲

此先舉其目。下詳之。

推步測候。風角鳥占者。皆能稽考之。以爲惑世誣民之術。故天文可以佐吾之用兵。而非可恃以爲必勝也。推音吹

此言術家專稽天以驗吉凶之應。而實無必應之理。用兵者借以激發人心可耳。安得恃之。恃之則

郭京之六甲矣。

夫運有通塞象有盈虧化有盛衰數有休咎或以爲菑或以爲祥或以利我或以害敵皆以達其用也夫音扶下夫不同塞音免下塞人塞同菑與災同下皆同註同

運象化數不同菑祥利害亦異將當通達而用之不可執於一也將去聲

彼可以疲耗人之氣者寒暑也可以挫奮人之志者星辰也可以勞斃人之力者雨雪也可以駭亂人之心者雷電也可以迷障人之目者陰霧也。

此乃天之害處將能借之以破敵亦未必無利疲

耗寒暑如馬援征武陵五溪蠻由壺頭會暑甚遂穿岸為室以避炎而士卒多疫死援亦中病耿恭守疏勒田道遇大寒軍士凍死將盡之類挫奮星辰如李晟屯渭橋謂五緯盈縮不常懼復守歲則我軍不戰自屈故雖退舍而不賀奮如楚公子心制彗柄而勝齊之類疲斃雨雪如郭元振因烏質勒強而願和乃即牙帳議事會大雨雪元振故立不動烏質勒年老數拜伏不勝寒死之類駭亂雷電如劉錡守順昌募百人折竹為嘂以為號直犯金營電燭則擊電止則匿敵不能測遂終夜自戰

而積屍盈野之類迷障陰霧如蘇定方從李靖襲突厥頡利率𩥄馬二百爲前鋒乘霧而行去賊一里許霧霽見牙帳遂馳殺數百人之類中去聲數音朔折音舌部音叶

又如雨可以資水攻風可以助火勢月夜陰夜大霧大雪時日之孤虛支干之旺相皆可以乘人而亦防人之乘我也此實將之當熟諳者將去聲下同註同諳音菴

此言遇此天時雖可乘人尤當防人之乘而資水攻如關羽度秋月大霖漢水必溢遂乘船以攻于禁而沒其七軍風助火勢如黃蓋知曹操連船可

燒而走乃遺書詐降乘風發火火烈風猛大勝於赤壁此亦干禁曹操不能防所致也故將當熟識之餘可例見度音鐸降音杭操去聲

凡將三軍不可使人心疑畏將三軍而重其疑畏未有能濟者也

此與下節又以處己之三軍言疑畏者致敗之端將當先去之也處上聲

故警惑於偶然之變震驚於卒然之異者惟當決之以理可使吾民知其祥而不可使知其菑可使吾民見其利而不可使見其害夫不使知不使見者非能

寒人之耳目也詭之而已矣卒與猝同

此言天雖有變異之見不可疑畏惟以理決之若欲鼓舞人心則但示之以祥利而泯其菑害蓋非詭爲形說不能誤人之耳目使之無疑畏故也故祥而歸之我菑當歸之敵利而歸之我害當歸之敵任其運之通塞象之盈虧化之盛衰數之休咎而皆有變通之方

此承上詭之言既以祥利示三軍又以菑害加之敵且任天之所顯者不泥一定而皆能變通之故詭吾軍者亦可以詭敵人而已終無傷也泥去聲

故雖鬬蝕彗孛不能為吾妖疾雷走電不能為吾懼淒風苦雨不能為吾憂寒暑霧雪之異常甲子往亡之忌日不能為吾阻若此者所以反其菑害而為祥利定民之疑順事之機以制吾之勝者也蝕音食彗音位孛音勃註同

此承上惟能變通故無菑害也彗孛不能為妖如楚將公子心與齊人戰時有彗星出柄在齊柄所在勝公子心曰彗星何知以彗鬬者固倒而勝焉明日與齊戰大破之雷電不能為懼如太公佐武王伐紂雷雨暴至毀折旗鼓群公盡懼太公强之

乃行卒破紂紂如林之師而定周邑風雨不能爲憂如司馬宣王討公孫文懿諸將因雨久平地水深欲移營觧圍司馬斬犯令者而止卒擒文懿以定遼東寒暑霧雪甲子往亡不能爲阻如孔明五月渡瀘七擒孟獲李愬雪夜入蔡元濟就擒魏王珪欲攻慕容麟太史鼂崇以甲子爲紂亡日不吉珪曰紂以甲子亡武王不以甲子興乎果大破麟宋武帝以往亡日起兵軍吏以爲不可帝曰我往彼亡果遂克燕若此之類皆能不以留害動其心而惟以祥利爲主民無疑而事機順故戰則必勝否

批評　義論至此微哉微哉

則幾何而不惑於天時以自喪其功哉將令喪並去聲析音否強上聲鼂音潮與晁同雖然此乃人謀也亦有自然之天命焉戰於睢水而風大起渡於滹沱而氷乍合馬涉混同而水及腹兵駐江沙而潮不至則又天命之不可違而非人謀之所能為也善兵者盡吾人謀之可為以聽天命之不可違而已至於成敗利鈍有所不計也睢音雖滹沱音呼跎註同已前俱論天道及吾人因天變通之方此則言自然之天也昔漢高被項羽敗於睢水圍已三匝若非大風之起窈冥晝晦安得遁去而王關中光武

被王郎追及滹沱無船可濟若非河氷之合王霸護渡安能復振而興漢業金主伐遼次混同江無舟以渡使人導前乘赭白馬經涉諸軍隨之水及馬腹既濟而測不得其底若非水及馬腹則不得速過安能滅遼耶元伯顏伐宋兵入臨安分駐錢塘江沙之上杭人方幸之潮汐三日不至若應期至則皆漂去宋安至滅耶此興亡之大數乃天意所在誠非人謀所及也知天達士亦盡其可爲而聽之耳成敗利鈍何庸心哉已音以匝音札窈音杳王去聲赭音遮去聲汐音夕漂音飄

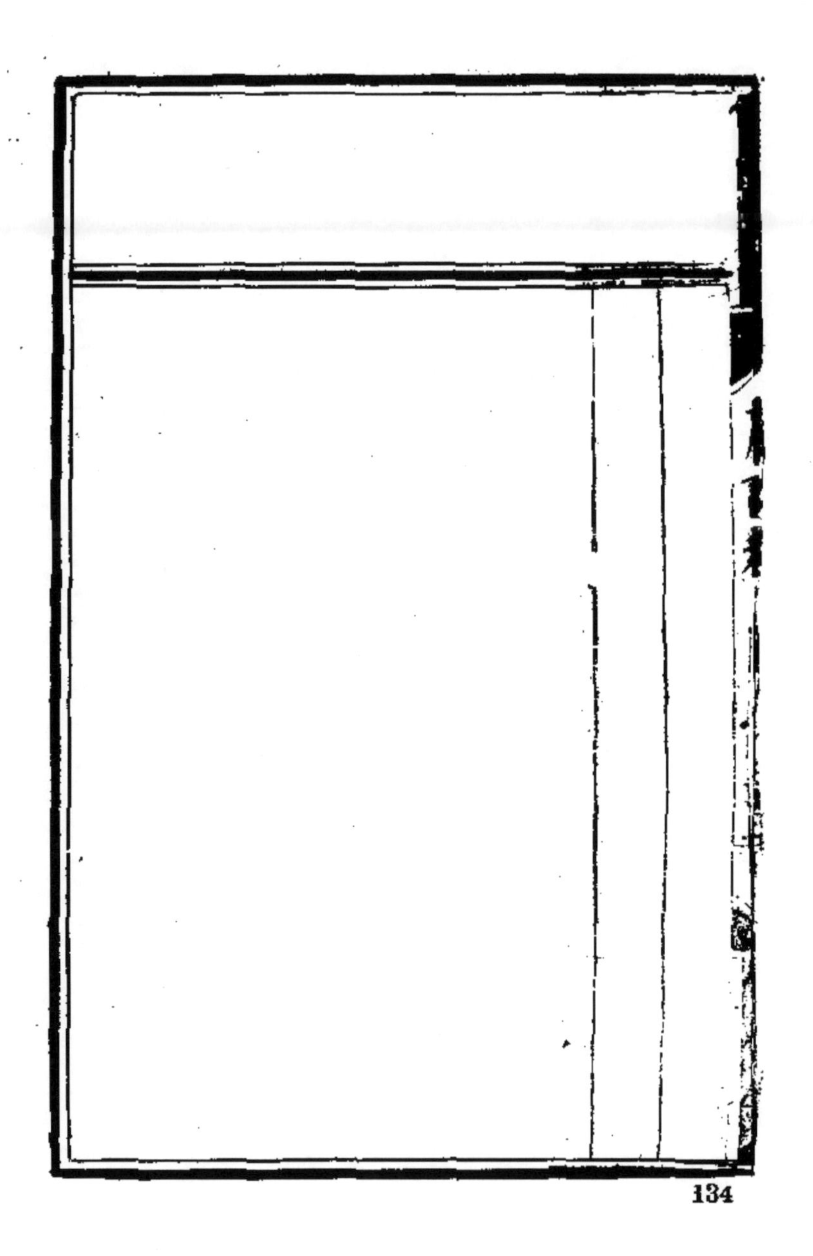

陣法小引

先君愚山少年喜譚兵御僕隸課傭力作皆有部署賞格嘗試諸農田事作指數千訖三月無一譁者人以此稱能値神宗早歲四陲無警鬱抑無所表見謁大司馬暨督河諸公求改秩部下治兵與河往來京師十餘年不獲售而沒先人強力多習凡事皆試驗鑿鑿有據非如掉口舌飾冠劍無實用者此卷授之總戎何公蓋自矜爲秘畫云然先人所長實非盡取諸此也不孝禺謹識

陣紀目錄

四卷

陣紀提要

陣紀四卷明何良臣撰良臣字惟聖會稽人弱冠棄諸生從軍嘉靖間官至薊鎮游擊是編皆述練兵之法一卷曰募選束伍教練致用賞罰節制二卷曰奇正虛實衆寡率然技用三卷曰陣宜戰令戰機四卷曰摧陷因勢車戰騎戰步戰水戰火戰夜戰山林澤谷之戰風雨雪霧之戰凡二十三類共六十六篇明之中葉武備廢弛疆圉有警大抵鳩烏合以赴敵十出九敗故良臣所述切切以選練爲先其所列機要亦多即中原野戰立說夫事機萬變應在一心蘇軾所謂神兵非學到自古不留訣也明代談兵之家自戚繼光諸書外往往捃摭

陳言橫生鄙論如湯光烈之掘穽藏錐彭翔之木人火馬殆如戲劇惟戚臣當嘉靖中海濱弗靖之時身在軍中目覩形勢非憑虛理斷攘袂坐談者可比在明代兵家猶爲切實近理者矣

陣紀卷一

墨海金壺　史部

明何良臣撰

募選

募非握機無以合衆衆非精選無以得用所以倏忽而能合千百萬者必握其機也以數百卒而能橫行敵境者善用其命也善握機能應變于倉卒善用命能出銳於不窮故募貴多選貴少多則可致賢愚少則難于盡善最喜誠實獨忌游閑不在武藝勇偉而在膽壯精神宜於鄉落農田深畏市井狡猾唯衙門玩法崛强偏拗秀儷女相閑論迂談套子武藝膽小力弱之輩尤不可用于是首取精神而有膽次取膂力而便捷須二十歲以上四十歲以下三十歲上下者選之但

四十以上膽氣精力日漸衰憊不任勞苦是爲老兵倘四十以上而有武技兼人手足利捷曾經戰鬬慣識夷情者又當別選爲司教司戰乖覺曉事誠愼細密備諳山川進退險易者宜充哨探巡察膽力倍人精神出衆而智識過一隊者立爲伍隊之長更于伍隊長內揀選材藝伎倆堪作千百夫長者爲一營之司率負出羣異衆之才果敢憑陵之氣者宜郎舉爲偏裨將部曲捷能飛簷走壁而爲盜爲非膽能殺人放火而無賴無厭技能異詐絕倫而駭世驚俗術能窺天測地而預知凶吉之類俱應選入中軍爲心膂之用大率其選務精而其用在膽伶俐而無膽者臨敵必先自爲利便又以利害惑人同蹈爲己避罪之地有藝而無膽者臨敵畏死手足

忙亂倒持戈戟未戰先走偉大而無膽者臨敵累墜進趨必自眩勉力而無膽者臨敵眼花足軟不能移步所謂日有短長月有盈縮而一卒之才烏有全具苟無全具須于四種內選之分其類教而我之號令嚴明進退有制而卒之藝高技熟樂奉指麾則膽自張氣自振矣吳子謂短者持矛戟長者習弓弩强者掌旌旗勇者司金鼓弱者給厮養智者爲謀主雖未盡選兵之詳大畧盡是

今之選卒多以三百斤鐵器令其試力然亦一說也但徒試其力而不觀其精神是麤礪鈍漢耳臣謂能舉鐵石器而更觀其耳目伶俐手足便捷者爲中選年齒膂力耳目手足如式而膽藝過人者爲上選身軀偉大而膽氣武技倍者爲頭

領年齒相若耳目手足如式而力不能舉重涉遠者爲下選中有勤于學藝敢于作氣者即是用命之士又當復選于中上之上或無學無才無謀無識而謬誇張大之有秘能神術者是爲軍誤之姦無藝無力抑亦衰年託分倚書弄喉掉謊來求錄用者是爲亂紀之卒獨鄉野之人懼怯畏法誠信易于孚感而且不敢度測我籠絡之術則繩以重威使其入伍便畏軍法繼以恩信彼既畏法便知感恩畏法感恩心自制服制得其心則士可用此承平選士不易之規也設若一時有急或當亂離欲驅老少用烏合集市人而能必勝克敵者另是一段機宜與前之募選遠異大抵不出致之以死地而使其人自爲戰也重誘以爵賞而使其慕戰樂鬬也激發以

忠義而啟之以怨仇也悚告以利害而誤之以多方也此當與知兵豪俊心會意符而變化之耳似不可對迂生庸將爭口舌之利鈍焉惟束伍以致其節因力以授其器信必以服其心分門以教其技四者無分有急與承平但欲用兵便不可少一字也

束伍

凡束伍之法在疾而調理嚴而簡便設或兵士募齊隨即過堂唱名便選選就定編伍隊每隊用藍旗押下記其本管營伍本身籍中年貌疤記尺寸筋力居住習藝分投填註牌冊明白次日兵士各領腰牌衣甲旂幟器械官目各領腰旗符號聲色馬疋或布古人已成之陣或演自我新變之圖謹其

出入必由營門而出入不得與鄰營他伍私相通好所謂畝之夫一鼓就列既而伍列已定禁令已出伍長必識五人之情性音聲隊長必察一隊之膽力强弱自偏裨將以至于伍隊長由上而下各以結狀甘結于大將軍處結云並不致其有懶惰怯弱嫖賭爲非逃脫頂替等情犯者甘與同罪少有犯禁違令則必繩以重刑更嚴連坐使其心知畏而法相信也士畏我法令乃行矣如順手牽羊驅之特易故曰伍定而後令行令行而後教戒教戒而後陣堅陣堅而節制自重然而

伍編而分列分列而陣成但編列之義古今諸將用各不同然不外乎前後左右中各出五法便以無源之水取之即竭

也周制以五人爲伍二十五人爲兩四兩爲卒五卒爲旅二千五百人爲師一萬二千五百人爲一軍小國一軍次國二軍大國三軍天子六軍而岂之編法五人爲伍五伍爲隊五隊一百二十五人爲哨五哨六百二十五人爲總五總三千一百二十五人爲營五營一萬五千六百二十五人爲鎮大約用一萬八千人成一陣也以二千三百七十五人爲奇零之用餘皆倣此其雜隊易位奇正相變之時每徹二而存三分三而合二

授器之要因其短長編列之宜隨其地勢每以鎗筅弓弩標鎗爲長兵刀鐮釵鈀牌斧爲短器其錯雜利鈍須敎以不泥故令年力稍大而有膽氣者習長牌年大力壯健進退莊重

者習狼筅年少力便手足輕捷者習籐牌年壯偉大殺氣精神者習長鎗驍雄活潑而運轉飛騰者習短器形小體輕而健堅伶俐者習鳥銃藥弩老實本分力能肩負而甘爲人下者爲火兵以火兵而能殷勤學藝陞致精銳者亦必舉爲頭目所步隊有火兵以供本隊飲食騎隊有汲養以贍本隊水草車乘有典輓掌爨以司進退食息其兵器械刻本營本隊本兵名姓于上以油漆罩之無使糢糊混雜庶遺棄可稽各兵置短柄黑傘乙把裝之以囊背袋一個以繩二條跨于兩肩腋間繫緊且不碍于用藝其鞋襪號衣盔甲短刀椀筋乾糧茶脯及救急藥餌鹽梅之類悉貯于內或漆竹筒少可帶酒以解倦也須坐臥不離身畔以備卒然調遣最忌任意飲

水恐噴毒姦亦慮陡生疾病

伍束列編授器之後當節戒以不浮和以同義君子謂教之以禮勵之以義使有恥也夫人有恥必知進死爲榮退生爲辱是大足以戰小足以守所謂人心若和協意氣自激昂唯其心能和氣能激則士不勸而自戰不守而自固矣爲將用兵之道已得大半工夫法曰不和於軍不可以出陣不和於陣不可以進戰務令將吏與軍士情同父子義若兄弟疾病相扶患難相救寒暑饑飽苦樂均之不得倚强梁而陵卑弱

測應命于無窮者耶以是而知實伍爲用兵之至要

教練

世稱練兵而不知練兵之法者多也苟不得其法雖朝督暮責無益于用耳善練兵者教藝有師教戰有率行不櫕擠亦不迂疏前看心後看背左右看兩肩此係整行齊伍之要言短兵有長用長兵有短用長短因其宜舉手無不利此是教藝用器之切語以形色之旗教其目以金鼓之聲教其耳以進退之節教其足以長短之利教其手以賞罰之信教其心此即五教不易之大綱五教既熟器具亦精乃使其意氣和順情性逸閑鼓而進金而止同其心一其氣指之前麾之後顧之左應之右散之無方聚之不可計其梆鈴板鈸笳角之節齊簇鎖叭哱羅之音起火坐砲臥笛之號悉皆變隊易伍出伏用疑分合奇正進退遠近無窮不測之密合也他如動

靜孜息解結徐疾錯雜紛紜方圓曲直輕重衆寡斜銳廣狹晝夜風雨行坐臥立履峻臨險每變皆習習之既久必致允協而得其神化離散處鄉閭田野自是不失矩度卒然遇變亦能以卒然當之其法以十人學戰而教成百人百人學戰而教成千人千人學戰而教成萬人萬人學戰而教三軍于是嚴禁令寬赦宥開發人之志意杜塞人之奸曲尉子謂明乎禁舍開塞之道者此也教練經月而有武藝不精進退不熟變號不識者治之以法教師司職伍隊長連坐有差三限不精熟者重按以令仍扣月餉以賞能者教師司戰伍隊長同罪千把總偏裨將連坐有差必使其歷深溪也不煩舟楫凌山阬也不待鉤梯所謂徑其絶地拔其恃固獨出獨入而

人莫之能上敵在山緣而上攻敵在淵沒而下從其舊擊也如怒霆其輕迅也如飈風致之于死亡之地而人莫敢自爲之計能如是乃可稱教練之卒用兵之雄

前之所以教練武藝節制行列者總爲張膽作氣之根本兵無膽氣雖精勇無所用也故善練兵者必練兵之膽氣夫人之膽有大小其大小不可預知氣有勇怯其勇怯不能憑識人而膽小雖勇弗用膽不以氣雖大弗張是以氣爲一身之用死生榮辱係焉能作之操易而不操之操難斯言最當如武場演跳盪進退分合縱認頁教習不過謂之登蹄其無方之應變實出武場教習之外所謂將之所麾莫不從移將之所指莫不前死能必令其無難方可稱鍊鋭之卒故使各兵

熟識我之陣法而又莫得預測我之運用變化也惟旗鼓是
從而不滯爲精
平時學藝器械宜重臨陣器械宜輕此爲練手之力學戰必
以重鎧使其負重利便則臨戰身輕古者練足囊沙日漸加
重每跑里許不令氣喘是提趨之法也大凡人之氣力日用
則強日惰則脆故不令其安閑自痩抑不使其勞頓太過水
兵宜習陸戰陸軍須慣水情習慣既便入舟則知水用登陸
不泥變分況水陸之戰其機則同本無異也他如車騎之用
數變正奇馬步之出妙在首尾三者迭更翼前伏後若使應
變熟閑器藝利便視聽一齊就可取勝安有異常神術乎吳
子謂治兵之要教戒爲先爲國之道先戒爲寶故曰人常死

其所不能敗其所不便也知兵者能深思必自得幸無以為闊談獨不觀夫北人之乘馬南人之駕舟習相成也苟能分科督教其藝自精其習相成藝精習成猶耳目手足之從心自是純化無所礙梗何止似乘馬駕舟之便而已哉如齊之伎擊魏之武卒秦之銳士吳之解煩唐之跳盪隋之陷陣漢有三河俠士劍客奇才無非皆選之精教之熟耳湯以良車七十乘必死六千人戊子戰于成勝之于巢門武王以虎賁三千人簡車三百乘甲子渡于河勝之于牧野齊桓公以銳車三百教卒萬人威行海內天下莫當晉文公造五兩之士五乘銳卒千人先接諸侯莫之能難闔廬選多力者五百人利止者三千人以為前陣與荆五戰而五勝之東征庳廬西

伐巴蜀北迫齊晉令行中國夫必死虎賁敎卒銳卒多力利止之徒其習非一日而有其練練非一日而精以王霸之兵亦未嘗不以選練至精而能致用今之時將兵不知選選不知練練不知精精不知令而欲驅驕脆疲老不堪之卒以將應命卒然以克敵者恐亦難哉

致用

人莫不有賢愚才莫不有奇拙識莫不有淺深事莫不有窮竭善致人者必盡用其賢愚善用才者必盡馭其奇拙負遠識者必預得其淺深善科事者先已判其窮竭固亦有假人之長以補其短用人之材以發其氣所謂天下無粹白之狐而有純白之裘者取諸衆白也惟大將軍能致其所長而必

益之以長因其所短而故適宜其短乃能統率賢不肖之志則其力自并而其用自神顧欲得賢而才靜而大識天時地利人事之用明分合進退盈虛之情而復能禮下豪傑舉讓同列者令其總攬計謀贊應倉卒揆度天道綏保萬民太公所謂心腹一人探行能公賞罰酌安危于未萌決嫌疑于可否太公所謂謀士五人校災祥明去就驗讖推時司占審候太公所謂天文三人遠近險易山澤斥滷形勢利害無夫其所太公所謂地利三人考歷代之興亡究術家之同異制械選兵教戰作氣太公所謂兵法九人預備蓄儲通達餉道量實計多損益出入太公所謂通糧四人執銳披堅風馳霆擊力能攫虎亂敵部伍太公所謂奮威四人旗鼓令下鬼懾神

疑倏忽進退三軍一齊太公所謂伏旗鼓三人高固壁壘深
險塹溝任重持難嚴我守禦太公所謂股肱四人考校藝文
博論今仕招主將之遺補主將之過釋已成之仇彌未然之
禍太公所謂通才二人施卓異之事行詭譎之謀應變無窮
非人所測太公所謂權士三人察言觀色于軍中因往知來
於四境太公所謂耳目七人犯險難攻輕銳而心無所疑恃
威武勤激勸而使人奮勵太公所謂爪牙五人譽主將之德
能于遠近挫敵人之威望于無形太公所謂羽翼四人詗圖
敵情伺察姦變因其所來卽以為間太公所謂遊士八人能
為謠怪之事以誤人依托鬼神之靈以惑衆太公所謂術士
二人治金瘡于陣上療疾病于營中太公所謂方士三人計

營壘之增減算資糧之缺饒太公所謂算法二人六韜之王翼篇則以七十二人各盡所長分統輕重爲股肱羽翼之佐也然太公之書眞僞固未可考但盡人之才以致其用似不失爲王者之畧耳今之時將不坐于自滿則病于蔽忌如格外之賢無以自見設當有事如拉朽然于是而知得致用之機權者必無敵于天下故軍中宜有儲將隊材士隊異術隊秘技隊膽勇隊羞過隊激恩隊敢死隊恨敵隊乞降隊亡命隊須另置一軍馭以誠信爲不時之使但必令其名實相稱無孤置隊之義則幸食自銷實用自得又不可以不省費爲非

軍中惟爲使之才尤難而言之得失則三軍解結而生係耳

有因隙立端詳言足意者必能使人竟其聽也泛從古告曉喻今非者必能使人悅其論也辨析至理詁釋德義者必能使人信其說也啟閉利害喜怒疾徐者必能使人行其言也欲其行也至易而不難欲其信也至切而似實欲其悅也至效而不妄欲其竟也至簡而不煩四者俱得乃可爲使于敵他如地行蟻伏者可使爲報探貧窮忿怒者可使立功名勇悍過人者可使陷陣突圍弓弩中的者可使潛射敵首武藝絕倫者可使應危禦急過犯亡命者可使後殿先驅巧辯饒辭利口便舌者可使爲激勸精諳世故熟識高低者可使爲門吏清介不苟者可使主分財持正不屈者可使爲犯難因顯知微者可使督敵情傳見聞多智略精異技妙神術者可

使爲隱輔驍勇能格敵密而審者可使爲心膂吳子謂一軍之中有虎賁之士力能扛鼎足輕戎馬搴旗取將者選而別之愛而貴之是謂軍命又曰利用五兵材力健疾志在吞敵者必加其爵列可以勝決淮南子曰鼓不與于五音而爲五音主水不與於五味而爲五味調大將不與於五官之事而爲五官督惟其爲五官之督也則分統各有所司而長短各有所便其藝能之機巧輕重之設施所謂術業誠有專政也使各任其所專政則弱者自強怯者自勇虛者自盈疲者自銳且也瞽人聽聰聾人視明況專政者乎但非自滿蔽賢者能省識

賞罰

天子設紱冕以尊賢制斧鉞以誅惡其賞至重而其罰至深能行誅于貴顯下賞于微賤則威自伸而明不彰故殺及權幸賞及牛童者謂無論貴賤不預恩仇示至公也管子曰明賞不費明刑不暴賞罰明則德之至者矣又曰用賞貴誠用刑貴必誠則人知感必則人知畏尉子謂發能中利動則有功者感其誠畏其必也禮賢不遺賤賞功不厭多之處其心重其報也所以重連坐之刑信果賞之令行誅大之權厚下士之禮則我軍不治而自整藝不教而自精也苟功不能賞罪不能誅事是而不能立事非而不能廢則令不畏刑矣勸不信賞矣進自不齊退亦無制使不齊無制而能統衆用兵者未之有也雖有百萬何益于事

善不可廢惡不可賞廢一善則衆善衰賞一惡則衆惡歸賞罰不可以踈亦不可以數數則所及者多踈則所不得者衆賞罰不可以重亦不可以輕賞輕則民不勸罰輕則民忘懼賞重則民僥倖罰重則民無聊然小功不賞則大功不立若賞及無功罰加無罪行賞于人而心怨恨加罰于人而心不甘下將叛背也所以不令士卒輕刑而忽賞輕刑則將威不行故嚴刑罰以明必死之路也忽賞則上恩不重故信慶賞以開必得之門也是以賞罰必主將自持至公無容軍中私議凡賞有功而有干請不賞者斬凡罰有罪而有干請不罰者誅以我之耳目見聞已眞而信賞必罰其所不見聞者莫不聞化安得容其干請不賞不罰者耶故曰軍中無二令亦

不得市私恩借公議也
敵勢軒然如決積水于千仞之上巍然如轉圓石于萬丈之
巔天下皆度吾兵之不敢進而吾之士卒浩然不畏無不齊
勇負氣以登淩雖死傷過半而蟻進不止者無他術焉刑賞
信也必死故也卒之所以能必死者感上義之素隆也而我
之所以能令其必感者爲積恩之不倦威令之素行也故曰
施積恩者不可與戰然亦有因軍勢迫窮恐人離散故數賞
以安之窘之甚也人力倦乏已不用命故數罰以督之困之
甚也是以賞罰須行于平日若在此際行之何克于事
能以威德服人智謀屈敵不假殺戮厲致投降兼得敵之良
將者爲不世功兵不赤刃軍不稱勞而得敵之土地數千里

人民數十萬者爲不世功矢石鋒交突入敵陣輒斬敵將及部曲之長因而權破敵營以致大勝多獲敵之糧草頭畜者爲奇特功敵勢强盛我軍力竭心怖欲走有能急出奇兵遏斬欲走之衆反兵死戰因而決潰大敵者爲奇特功得敵之山川險易進退利鈍之情因而斬門奪幟屠城搗壘威懾遠近者爲上功伏路出奇生擒敵首及奸細人員因得機情而偷營斫寨致敵自擾而我兵乘進者爲上功別部受敵困危有能引軍力救各保無虞及奪回被擄扶救傷殘者爲中功敵至境內而高壘深溝堅利兵甲僅能固守不致人民傷死者爲中功奮力抵敵或因救護而致重傷或帶重傷而獲敵級并獲敵之利用器具之物者爲下功或數人共擒一敵或

共斬三五級或人各得一二級者爲下功自偏裨以下得不世功者乃大將之望當即表聞拜左右副將儲將材官以至部曲長得奇特功及上功者亦即表聞授以偏裨得中下功者重賞而復紀錄緝得軍中與敵相通機事情實者所犯腰斬伍隊官目連坐有差其家私妻子俱賞緝者有能訪舉賢士謀士異士或即得其機畧因而以致勝者勞所舉之人以千金外酌彼士才之大小功之高下而授之以官士卒背後有傷以敗兵事論雖傷不恤伏路塘探在外而賊陡至伏者以疎掩覆探者致誤馳報法所當斬或探伏者自背探伏已失罪不可逃乃拚死直抵賊營能建奇功者免死復賞賞罰之例多載戰令軍範二篇故不復敘畧其所原者姑記之而

復少定其賞格云

節制

臣謂非分合無能用衆也非奇正不能鬪衆也節制行則分合自閑分合閑則奇正自變故節制之兵或不能大勝亦不致大敗何也解績不攙越淩躐各輕利左右角犄前後顧應曲直方員無不繩正動靜死生係乎旗鼓離合聚散不失行伍似勇而不勇似怯而不怯似治而不治似亂而不亂紛紜渾沌駐足成陣面面受敵威無不振所以有制之兵勇者不敢獨先也怯者不敢私後也祗以火角幢幡爲變化密號耳故其進也使敵不可遏其退也使敵不可阻其分合也使敵不可測其攻掠也使敵不可防此又節制而任戰勢者也孫

子曰善戰者立于不敗之地而不失敵之敗也恐非節制無能立于不敗之地又曰無邀正正之旗勿擊堂堂之陣堂堂正正者節制之師也節制之師孫子且畏況今之時將乎荀子曰王者之軍制將死鼓馭死轡百吏死職士大夫死行列鼓而行金而止以順命為上有功次之令不進而進猶令不退而退其罪惟均者謂死其制也吳子曰兵以治為勝所以居則有禮動則有威進不可禦退不可追前卻有節左右應麾雖絕成陣雖散成行投之所往天下莫當者謂其有節也有其節死其制則强弱一其力巧拙一其心生死一其令以無為守其政故明王不煩征討而四夷自賓將軍不須殺戮而威德自重

兵法師合而交綏師退而不逐者謂兩軍各有節制重防失覆者也慮其佯北所誘故奔逐不百步恐爲敵計所陷故縱綏不三舍所以知戰道者必先圖不知止之敗惡在乎必往故勢欲必往也須翼我進衛閑我軍退護束前後勝乃不潰孫子曰避其朝銳擊其惰歸此治氣者也以治待亂以靜待譁此治心者也以近待遠以佚待勞以飽待饑此治力者也治心治氣治力三者固用兵之切要然非節制素行則治字無處着落矣又曰晝用旌旗夜必火鼓若夫山川委曲林樹叢密之鄉旗旛不能遍見雖晝亦用火鼓而更遣驍卒輕騎八方哨探焉凡出軍操演鬪戰揚兵或定幾路進發行止寢食之間兵不得離伍伍不得離隊隊不得離哨哨不得離營

營不得離陣設或停歇市鎮郊原雖糞土污淫之處自依次序而止不得取便攙越所謂行曲路集成營遵節制也羅列若遠偶傳有急首尾難到則令伍隊長高聲傳會去而復轉伍隊斷滯者誅兵卒助言者斬尤不得與別營人馬擠雜混行防有敵姦詐拐惟善兵者勇怯之用素分動靜之備必具嘉隆年間浙直之南山海多事其四方調募之兵非無膂力技藝超絕者但其稍與賊合如鶩鐅泥觀者無不喪魄何也蓋緣節制不明人心不一以無制之卒而用不齊之心則進退自不應麾固有負膽先登者死之以致一軍悚懼而自敗此將之過也調集之兵率皆無制應募之輩盡係遊閑平時則軍累資糧臨戰則先為遁北欲其劄定脚跟猶不可得又

何能望其取勝此將之過也弓弩以致遠矛筅利于接戰火器稱爲無敵法顯著矣及其鼓發互相諠譁遺兵滅火各務于逃徒驟混雜迷失隊伍軍棄其將號自其鼓雖有鬭心猶犬之犯虎此將之過也臣謂斯時將乏賢明集兵無制兵無制矣而爲將者又不能掘淮陰用市合之機設若一人躑躅萬夫寒心縱有絕技驍勇何益于用古云撼山易撼岳家軍難謂其浪漫有制而更握戰機者也死諸葛走生仲達謂其節制素行故不敢輕侮之也使有明將而得精兵教閱經年銷盡武場套子如出獵行營登山涉水寢食晦冥之際每習至精卒然遇警必能使其駐足陣成舉手便戰施不盡之號出無窮之變或伏或起或正或奇曲折相連首尾顧應絕而

不離卻而不散似整非整似亂不亂所謂合亦成陣散亦成陣行亦成陣坐亦成陣敵固不知我之所以退抑亦不識我之所以進是為有制之兵也將震驚天下便智者亦不得窺測我之所從來況山海之寇乎惜乎四合之徒萬人萬心既無良將制鍊且多中制撓之將未得兵之情而兵未達將之令輒欲驅之赴死戰而不蹶者未之有也故雲擾十數年餘寇雖殄滅而民亦竭矣于是而知兵不在多而在精兵精而無節制戰未可恃也將不貴勇而貴良將良而上不信任事未可為也

陣紀卷一

奇正虛實

伍束而後陣定陣定而後節制行節制行而後進止熟進止熟而後奇正生奇正生而後變化不竭變化不竭者乃能致勝于無形淮南子曰奇正相應若水火金木代爲雌雄斯言是矣故靜爲躁奇治爲亂奇飽爲饑奇佚爲勞奇而輕疾悍敢若滅若沒無不是奇也孫子謂出奇者無窮如天地不竭如江河要知善用正者亦如天地之無窮江海之不竭耳又曰善用奇者無不奇善用正者無不正正此之謂也世人談兵者執以旁擊爲奇埋伏爲奇後出爲奇選鋒爲正先合爲正老營爲正有等庸將派定伍隊正者只做正兵奇者只

做奇兵皆非也善用奇正者不但使敵人不識我之奇正如三軍之衆偏裨之多亦不得預測我之孰爲奇孰爲正也故當敵處卽爲首爲正爲前衝在左右卽爲伏爲奇爲輔翊在後卽爲尾爲殿爲策應然亦有首内之尾正内之奇衝内之伏尾内之首奇内之正殿内之衝又以輔翊策應内易正正而奇奇也于是奇正之變祇以號號視旗辨别火鼓而率然之出無不可爲首無不可爲尾無不可爲伏亦無不可爲奇正所謂立定陣成舉號卽戰烏有一定之則而拘于方色前後耶故曰存亡死生在抱之端旣知奇正相變之術便可得敵人虛實之情奇正所以致敵之虛實也敵實用正敵虛用奇理勢然也敵意吾正以奇擊之敵意吾奇以正擊之敵意

吾出奇內之正而吾出正內之奇也敵意吾出正內之奇而出奇內之正也敵意吾以奇正必變故奇奇而正正之也所謂形之者以奇示敵非吾正也勝之者以正擊敵非吾奇也故善用兵者必使敵人不識我之意孰為正孰為奇是以我常實而敵常虛我常致人而不為人所致但敵之意我何由知故曰觸來未見人莫能知能因敵轉化動而輒隨者殺機于無窮之源乃可謂之得敵意還可謂之善奇正

李靖曰凡兵却者旗參差而不齊鼓大小而不應人喧囂而不一此真敗非奇也臣意以為不然善用兵者正使旗之參差鼓之不應語之喧囂退如山墮走若潮崩似果敗矣敵必賤陵倏忽變號出却內之正用正外之奇敵雖有見亦必墮

我之所不齊所謂以詐而施等類則有幸與不幸焉靖曰旗齊鼓應號令如一雖卻非敗必有奇也臣意亦以爲不然如節制之師進退有度雖敗必整雖退亦治乃息鼓偃旗反前爲後似奔不奔似驟不驟勢必出伏敵必可售所謂以詐而嘗節制則必知其是驗矣是以得節制奇正之用者神乎心故能形人而我則無形也烏在乎眞敗不眞敗問主測度哉李靖曰善用兵者教正不教奇似亦謬矣奇而不教則猶以無別變何以施孫子謂奇正相生循環無端安有不教而能相生無端者耶唐太宗問曰奇正素分之歟臨時制之歟靖曰按曹公新書已二而敵一則一正而一奇已五而敵一則三正而二奇此大畧耳士卒未習吾法偏裨未熟吾令則必

以二五之術使其各認旗鼓迭相分合此教戰之法也教閱旣成衆知吾法聽將所指如驅羣羊孰有一一二三爲奇正之別者哉而又曰素分者教閱也臨時制變者不可勝窮也衞公此際似得孫子用奇正之理然又旣言爲有先後旁擊之拘又謂大衆合所爲正將所自出爲奇變矣唯無不正無不奇斯言乃得靖曰非正兵無能致遠非奇兵無能致勝乃有治力前拒束部伍迭相爲用之說此又指車當爲正兵步騎爲奇兵也似非無不正無不奇之本義耳又曰正而無奇守將也奇而無正鬬將也奇正皆得者國之輔也更又鑿矣殊不知奇正原不可分惟臨時因用才有奇正之名者以用正用奇奇正皆得而分守將鬬將國輔之別則臣不敢服也

觀其說屢變其意數更似談兵者流非用兵之傑也否則僞書耳末引握機握奇無三法在學者兼通稍爲可解他如用兵之道先正而後奇先仁義而後權譎二語極當

法云有正無奇雖整不烈無以致勝也有奇無正雖銳無恃難以控禦也所以正兵如人之身奇兵如人身之手伏兵如人身之足三者不可缺其一三者能俱出而旗鼓秘之是爲神化故三分其一爲奇伏然伏

弱以兵疲食少爲

虛哉主明將賢上下同欲威嚴既深意氣俱起是謂氣實豈

弱以兵强糧廣爲實哉故勝在得機敗在失氣氣實則鬬氣

虛則走勝兵非常實敗兵非常虛虛實之氣係乎人心是以

明將常得而闇將常失也明職畏其實備嘗應其虛壘烏集

其上塵亂陳其中鼓鐸之音不節湊看空營也旁必有伏無

伏者道也當護我聚散止我號火速出伏中以免覆我設有旌旗亂而陣數移將離卒而心恐悖路道險狹而渡半涉敵遠來而地未得疲奔命而炊未食失利便而行未息敵已虛也當選銳分兵相繼襲擊所以見敵之虛而急攻其危者謂其虛之用也然亦有虛虛實實之情隱然未見者我則虛者反其實而應之者以虛也實者反其虛而應之者以實也此又握虛實之竅而致用之以神

衆寡

用衆宜整宜治宜分則利于平易便于正守妙在進止移抽所謂如山如林如風如雲正正塡塡雷霆怒天者用衆之勢也用寡宜固宜輕宜銳則務于隘阨避之于易變化不厭煩

數所謂進不可當退不可拒齊力一心死且不北者用寡之勢也故曰用衆者進而止之用寡者進而退之所以識衆寡之用者勝吳子曰以一擊十莫善于阨以十擊百莫善于險以千擊萬莫善于阻是故善用衆者必務易用少者必務隘猶宜于日暮伏於必由巧在偷襲擊虛利在未舍半涉耳衆寡之用法固稱難而猶當識衆寡之治也求衆寡之情也審衆寡之敵也孫子謂治衆如治寡者無所不任人也是以任力者勞任人者逸者任人者總其綱則萬目張擧其紀則萬目起雖治千百萬衆何以勞爲故曰任人者多而不勞民誠而從令也其民雖少無畏民僞而不從令也其民雖衆而寡將衆而用寡者勢不齊也將寡而用衆者用力諧也其勢

不過其用力諸所由政令化之使之然耳其誠與僞實在爲上者作之如孫武以三萬勝吳起以五萬雄管仲以七萬霸湯武以萬人王兵非不可用也民非不可附也不得其所以用之附之之方雖多抑以奚爲故善用兵者不務多善附民者求諸己

我寡敵衆忽被彼圍須乘其圍勢未堅行列未定急出武勇挫其來勢謬用誦怪示以神異風突電掣斂翼轉勢一擊亂之敵衆不治兵入敵境衆寡不當相持且久被圍已厚常令并氣勿亂待其少懈從其兵厚而不治處突出大抵圍師必闕闕之前面多有險伏兵厚處必敵根本之地也觀其不治而衝之者不但欲出更亂其營所謂一擊而百萬破此又在

用者審識相機亦未可執其圍師必闕一語反爲所陷姑論之以爲通變云如敵入我境而被圍者又不同也敵衆我寡人心必懼進退之間或不聽命無得漫行殺戮防有變也宜從容示好顏色開以必生之機示以必死之路則畏心消釋戰氣自生戰氣生也則衆寡未可爲不敵然衆寡之勢莫以土地廣大兵馬繁盛就爲衆也但分處多便無處不寡矣即如敵漫九邊各有部統勢似不多羣寇心合便覺衆强故善用兵者能分合彼此之勢使其各顧異心自相攻殺則衆寡可乘之勢因而兩用之矣

率然

所謂率然之勢者言其首尾顧應斯須不離腹不可斷首不

可擊尾不可摧故曰率然如常山之蛇有率然之才者亦如常山之蛇自是應顧所以善用兵者無不率然何也蓋緣兵體將意將合兵情教因情措陣因地列氣自勢張勢從機發如心之役身身之運臂臂之使指動靜率然隨心所使雖風氣有南北之殊其應變無一定之理大要在節制素明教戒有自者必利急中之用自無意外之虞矣是以三軍行止必嚴隊列慎行伍謹甲兵哨遠近如一伍一隊一哨一營一陣之中或晝或夜但係火角銃炮齊鳴即是率然有急恐令不及下隨聽遇警之處隊伍營哨之長以二而三以六而四定立陣角舉手便殺左右鄰隊就是奇兵進退迭更人自為戰有驚營喧嚷誤舉火炮者須令靜持其亂自止有制之兵自

無此營我之隅落固壘連坐令嚴籬營內有好亦不能動臣謂軍中卒然遇急之勢易爲而天下卒然有變之勢難措何也軍中遇急其節制機權在于能將而已能將之善任戰者卒然如風之陡發如雲之陡合如轉圜石潰積水于萬丈之上使人莫識其來莫知所禦是謂握卒然之用故能握卒然之用者必能應變于不撓而又能以卒然制敵之必不制也法曰愚與身先兵雄天下以是而知軍中卒然遇急之勢易爲天下有變其冰消瓦裂之勢以前古鑑之則有五危曰亂民也曰罪棄也曰荒淫也曰四夷也曰權篡也亂民之所起起自凶荒衣食迫之罪棄之所起起自貪吏殺人無罪高才不用明將荒淫之所起起自君上好奢佞幸用事四夷之

所起起自職守不明控禦無制權寡之所起起自威權日移嬖黨交私有一則國貧有二則國亂有三則國危有四則國分有五則國滅一者五之漸也設或有一則五隨之矣苟不幸而生此卒然遭變之世雖賢智之才班布而起恐亦不能以卒然為捍禦將有驅不教之民以勤王事者出焉或喻之以必生或繩之以必死或激之以忠孝或重之以功名猶未識其所應之機能為必勝否也以是而知天下卒然有變之勢難措惟聖君良相能慮患于未形措置于有道自足以彌卒然之變耳昔吳起以享賜激勸之法行之日久秦眾犯西河魏士聞之不待將令介冑而奮擊之者以數萬計今也將吏憊于監司中制之煩士卒疲于科斂上役之苦偏裨困于

謀求奔走之勞則士氣何由而作教戒何由而施所以將乏
良能兵無練鋭羸竭盡民膏以養兵將實無益于卒然惜乎
臣謂斯時也非商君之變法不可以言爲守國非尉子之連
刑不可以言治旅以下器具矩式製法用法別載利器圖考

枝用

古者旌旗旛幟幢旆旐旂不過束伍司方使士卒別認本部
之進退爲分合之指麾耳故曰所麾從移所指從死者是也
原無異巧之術後世繪諸像者詭道也出生尅者厭法也創
而畫熊彪獅吼以彰其猛鷹鸇隼以彰其擊星辰日月以
彰其明雲龍風怪以彰其不測故伍有伍旗隊有隊旗門有
門旗角有角旗官旗將旗司命豹尾高照纛光坐纛號帶金

鼓蕩道之製大小方圓色雖殊而名則曰旌旗也他如五方五帝旗二十八宿旗三百六十日神旗雷門十二將旗司地十二祇旗支干丁甲旗八卦九星旗司天司煞罡名諸像之類不可悉數尅土以青尅火以皂尅金以紅尅水以黃尅木以白得敵刳心以祭旗取血以釁鼓大率多方謀人示敵其蠱以彰我威也能兵之士當自識之又如坐罪人于白旗殺罪人于黑纛者總不外乎威士卒之不知慄彼我之觀望然旌旗不可不多用也旌旗不多則威儀不嚴威儀不嚴則軍容不整又曰多用旌旗敵我隊伍使敵不得登高望我動靜虛實也且旗爲進導之司猶能遮蔽矢鏑如南夷慣用毒弩遇箭鳥銃牽標到身即死是以能將多用健士旗麾當先衆

兵號進蓋緣弩箭彈標著旗即下自不及傷人也用法以旗桿掩人二尺稠木為之旗用好紬上至鎗筒下及鎗鐏少尺餘以兩手托開陰陽拿住左右伏身盤旋衛護鼓緊急趨先先于招鋒交即止以讓短兵

軍中響器則有銅鼓鐃鼓鞞鼓杖鼓鼙鼓鼖鼓鼉鼓之類用雖不同大抵壯逢韸之勢彰震天之威故出軍有鼙鼓之法耳其大金錚鉦鐃鈸號笛笳管觱篥鎖吶哱囉板鈸梆鈴者齊心聽別晝夜用變率然之號而奇正進退因之以分合為長六尺者曰角五尺者曰蠡蠡角之用亦皆神出沒于三軍也許洞曰大將出師十萬宜有大角二十四具大鼓六十四面似亦泥矣如深入敵境欲彰其威盛者更須多用何妨

凡射之理開弓須雄而引滿發矢須靜而慮周故曰心清也情逸也性靜也身正也力閑也審固也所謂從容閑逸射必中的又曰鏃不上指必無中理指不知鏃同于無目鏃須至堅桿宜挺直弓須軟硬適宜而收貯最畏潮溼擊射以十步立標標眼如錢大平胷滿射能三矢中二移遠五步又能不離左右即于二十步立標標眼如酒鍾面大平胷滿射能三矢中二移遠五步又能不離左右即于三十步立標標眼如燒餅大平胷滿射能三矢中二移遠五步又能不離左右即于四十步立標標眼如碗面大平胸滿射能三矢中二移遠五步又能不離左右即于五十步立標標眼大如碟面平胸滿射能三矢中二移遠五步又能不離左右即于六十步立

標標眼比碟大一圈平胸滿射能三矢中二移遠五步又能不離左右卽于七十步立標標眼比碟大二圈平胸滿射能三矢中二移遠五步又能不離左右卽于八十步立標標眼大八寸平胸滿射能三矢中二移遠五步又能不離左右卽于九十步立標標眼大一尺平肩滿射能三矢中二移遠五步又能不離左右卽于百步立標標眼大尺餘平肩滿射爲率標之高下須以遠近相稱離立百步不過高六尺是也武場比射以八十步立把亦高六尺廣二尺許三矢中二爲善射但力能至百步者當短五十步而發力能至五十步者當短二十五步而發能是乃得射之妙機爲射必以離把十五步而發者爲熟又能以每把必發分騌對兜抹鞦者爲精奇

奇險守隘非弩莫克遠彼方張非弩不可弩之稱利古人尚之何獨不重于今世此可與有志于邊事者籌之也如絞車弩能射七百步大合蟬弩能射五百步蹶張弩能射三百步羣鴉弩發十矢飛鎗弩發一矢諸葛亮名之曰元戎隴人呼之為摧山砲如叅弓㪷子弩雌黃樺稍弩大連環弩跳鐙弩小合蟬弩自犯弩大黃參連弩大木單弩黃肩弩臂張弩毛胡盧寄栗弩貓蹚濡穗毒弩八擔弩雙弓弩木單弩角弓弩伏遠弩匣子弩神臂弩神水弩克敵弩二意角弓弩交阯弩猾弩積弩小弩小黃臺弩床弩腰弩連弩竹根弩之類不止數十種然弩雖一名其製其用各異如伏弩者藥非至毒未必能殺人鏃非至堅未必能透甲矢及即死方可稱弩為弩

一機迺得弩用故善伏弩者站頭高下自準而矢亦勿令其壓發更藥須至急機須至幽用機之妙在從下從下者得機之用也敵少不必下機敵或當我而大敵在後亦不必下機敵進大半而發者謂之神擊如胡馬之雄必不能當半寸之鏃鏃及馬倒屬乃自斃故知用弩之功不下于火尤宜潛襲最便山林欲以輕騎往來利于小弩小黃樺弩神臂弩若將守壁據危須用絞車合蟬擘張八擔比手弩以五千步立把高五尺廣三尺許三觔中二者為善射發能及飛走之目者稱精可

學藝先學拳次學棍拳棍法明則刀鎗諸技特易易耳所以拳棍者爲諸藝之本源也如宋太祖之三十六勢長拳六步

拳猴拳囮拳名雖殊而取勝則一焉溫家之七十二行拳三十六合鎖二十四棄探馬八閃番十二短此又善之精者呂紅之八下綿張之短打李半天曹聾子之腿王鷹爪唐養吾之拿張伯敬之肘千跌張之跌他如童炎甫劉邦協李良欽林琰之流各有神授世稱無敵然皆失其傳而不能竟所與矣抓扠長一丈二尺精者能入搶破刀惟東海邊城貫闖中俞大猷之棍相爲表裏法有不傳之秘少林棍俱是夜叉棍法故有前中後三堂之稱前堂棍名單手夜叉中堂棍名陰手夜叉類刀法也後堂棍名夾鎗帶棒牛山僧能之諺曰紫微棍爲第一張家棍爲第二青田棍又次之趙太祖騰蛇棍爲第一賀屠鈎杆西山牛家棒爲次之其孫家棒又自宋江

諸人之遺法耳大抵善練兵教藝切須去了走跳虛文但勤
棍須把得堅交棍妙在下起棍入必須上壓一打一喝欲我
疾陰手陽手令人疑大剪小剪神變用大門小門藏正奇使
拔劉滾殺起磕俱得其妙廼可稱棍俞大猷劍經曰待其舊
力略過新力未發而急而乘之似得用藝之秘矣棍法之妙
亦盡于大猷劍經在學者悉心研究酌其短長去其花套取
其精微久則自可稱無敵也

馬家槍沙家竿子李家短槍各有其妙長短能兼用虛實兼
其宜銳進不可當速退不能及而天下稱無敵者惟楊氏梨
花槍法也所以行有守立有守守內暗藏攻殺之機變槍鋒
須短利而輕以不過兩為率桿須腰硬根粗稍稱凡學槍先

以進退身法步法與大小門圈圈串手法演熟繼以六眞八母二十四勢的斷殺使手能熟心能靜心手與槍棍法兩化動則裕如變不可測但施于陣上則伸縮騰挪之機少稱不便故花法不必習習亦無用也此在學者自妙而運用之唯山東樊氏深得其傳惜乎老矣較比之時先看單槍試其手法身法進退步法圈串不宜甚大尺餘便好然後二槍對試眞正交鋒復以二十步外立木把高五尺闊八寸上分目喉心腰足五孔孔大寸許內懸圓木球每一人執槍立二十步外聽鼓聲擂緊翻然擊槍飛向前戳去以得孔內木球于槍尖爲熟五孔木球俱得爲精故曰能殺人于二十步外者長槍也

筅之出入頗稱不便似非利器也所可恃者能作步卒之藩籬耳然非長鎗短兵夾持而進則所為能禦而不能殺者也故學筅者必以老成有力而筋骨已硬之人謂其無活跳閃賺之勢如精銳輕便之兵必不以重贅之器為利器用為筅之節須密而稠旁枝須堅而粗筅刃須長而利以火熨之或屈或直四面扶疎如刺如戟灸以桐油敷以毒藥較閱之時先令其自使觀其手法走法六勢成熟之時然後與長槍對比槍哄不動又能護我短兵進戰搪架敵器不入為精

籐牌宜堅大而輕使人蹲下可以遮一身有餘凡學先從八勢曰懶札衣勢斜行勢仙人指路勢滾進勢躍起勢低平勢金鷄闘步勢埋伏勢八勢既精自得其巧是以籐牌如壁閃

牌如電遮蔽活潑起伏得宜全身藏盡視聽外馳更須翻滾不露頭足此用牌之要說耳然非標子無以用也故學牌者先學標每帶二標數枝敵手時左手挽牌右手持標步動標起近敵便投標去敵必閃顧則牌隨隙滾進使敵措手不及爲精設若敵不爲標所動亦必爲標所傷矣故曰標者牌之疑兵又所慮者恐進標而抽刀不迭此用牌之大病也習者慎之較比牌標之法懸銀錢三個于三十步內滾牌進標如臨敵勢標中銀錢者以銀錢賞之三限不中者罰而復責惟三標百試不差者爲奇異長牌主禦駐則成營行則蔽隊使可作營隊之藩衛也所謂壯士齊氣部伍退如山進如堵然非長短之兵雜而用之則不可恃長短之兵若非牌蔽又不

能以節其利故曰得長短剛柔之用者不敗也牌須高廣過人可以捷前遮後護足止厭但鉛子竟大無以爲禦戚繼光曾以絲綿數層製度牌上名曰剛柔牌以拒鳥銃終不能擋總不若籐牌花鎗法爲妙鉛子著之自下但人鮮得其製耳軍中諸技惟刀劍法少傳但能使長短兵不及遮闌便爲熱矣如日本刀不過三兩下往往人不能禦則用刀之巧可知耳偃月刀頭大且重使有力者用之而更能精熟三十六正刀二十四門伏則諸兵仗當之者無不屈也馬上雙刀須長而輕後過馬尾前過馬頭爲要劍用則有術也法有劍經衍有劍俠故不可測識者數十氏焉惟卞莊之紛絞法王聚之起落法劉先主之顧應法馬明王之閃電法馬起之出手法

其五家之劍術或有傳此在學者悉心求之自得其秘他如鳳嘴刀三尖兩刃刀斬馬刀鐮刀苗刀滕刀狼刀掉刀屈刀戟刀眉鋒刀雁翎刀將軍刀長刀提刀之類各有妙用只是要去走跳虛文花套手法始得用刀之實故曰不在多能務求精熟設或不精反爲所累所以秘技有神授如無眞授未可强爲授之不精或技精而不能變猶爲法之所泥

短兵者爲接長兵之不便然亦有長用也馬釵有突越之勢綽鈀有閃賺之機然釵不出陰陽鈀不離五路如燕尾釵虎尾釵五龍鈀三股釵鈀尾鞭丈八鞭雙鈎槍連珠鐵鞭鷹爪飛撾開山斧判子斧鈎鐮戟槍鐵鐮鈎竿天蓬鏟搗馬槍蒺藜椎鴉項槍魚肚槍狼牙棒豹尾鞭蘆葉槍流星鎚叉竿抓

槍鐵簡槊鏈撾遠鋹梧環子槍抓子棒拐金標八尺棍之類不可悉數各有專門但身法手法步法皆由拳棍上來其進退騰處順逆之勢俱有異樣神巧學之得精俱可制敵然非秘授不可強施外如花刀花槍套棍滾釵之類誠無濟于實用是以為三軍中之切忌者在套子武藝又所恨最在遲不知而為知

鳥銃出自南夷今作中華長技妙在打眼圓中神在火門急迅利在藥細子堅中在腹長照準裝藥竹筒火繩信藥匙錐通杖油單須隨身懸帶有臨場遺失藥不燥乾即連坐以法火門損壞藥彈短少即稟修換較演以八千步立五尺木廣二尺許上懸鐵片如人頭大中間懸球為心腹大三發二中

其頭腹爲熟三發三中爲精但不可連放五七銃恐內熱火起且慮其破惟倭銃不妨今有以竹木代之甚是輕便又在製者得其巧則得其妙用矣其所畏者鍊荆花鎚南鳥油漆兕條甲溼布幔耳火箭古稱神器而南北俱宜功不在鳥銃之下但軍中久無製之妙者若造作製放手無法徒費而無所恃也大抵紙間著油以避溼蒸須極細而築實線眼用鐵桿打成更要至中而至直如筒長七寸眼須五寸許節桿要直翎宜勁羽去勁二寸秤平此其訣也比試以八十步立把平去能中爲精歪斜起落不入把者治造法不精責其匠然亦有用强弓紋車竊竹射送者妙其火則後出少而前出多故利于燒積聚耳子母砲者功在燒虜之馬驚虜之營亂虜

之伍等屬之氣須藥線不誤放手慣執爲神所畏者母砲未
發而子砲先聲則傷本處人矣或至半途而砲發或至敵營
而火息則砲無益于用矣故線似螺螄旋轉令不相見發貢
銃者竹木俱可爲之長三四尺而鉛子合口約重半斤平臥
地上以頭高下得宜放之且不用木馬故神于佛狼妙于發
貢亦軍中之利技耳火之得用者如火磚火球火盜火妖火
獸火牛星落蜂豕火騎雲龍煙球藥桶神彪火屏牌銃牌箭
遊龍號鴉灰瓶火船毒煙毒火緣油鯇油火鴨火鷄合砲火
檥火兵飛炬火塹火牌十子銃丸龍槍大蜂王大將軍覆地
雷絞江龍絞地龍轟山砲混天砲流星砲押江龍攻戎砲旋
風砲天墜砲地蹲砲五梢砲七梢砲天機砲返復鎗自犯砲

追魂箭迷魂砲一把蓮三隻虎風塵砲浮撑火單梢砲雙梢砲大窩蜂小窩蜂十丈鎗七筒箭打陣砲插翅虎荔枝砲石榴砲地涌砲地涌鎗千里勝連聲砲葫蘆火衝鋒馬木石砲火龍刀火鞭箭鐵火床蒺藜球先鋒砲火龍刀火龍鎗火焰鎗二虎追火龍口逐人鎗虎尾砲漫天霧毒藥火飛天噴筒毒煙噴筒神機火鎗旋風五砲雙身火龍驚風牝猪飛蛇逐馬五虎離山五色障煙飛空神砂獨脚旋風砲霹靂行火球交鋒棄馬羣虎嘯風火龍爭勝遊鼠驚馬百嚇獲兎衆虎奔羊一母領十四子砲旋風猿牙砲月落星隨砲五雷裂山砲大裝囊燕尾炬之類約百餘種製式用法俱載利器圖考須因敵異用因地異施庫放燃線不疾不徐得法爲妙顧宜預

製于軍中以備率然乃可用也歌曰用陣須兼軍步騎用器應分南北利用人何以統賢愚用火得宜無不濟

昔伍員教闔閭以舟師之戰大翼者當重車小翼者當輕車突冒者當衝車有樓者當樓車走舸者當驃騎而後退鈎進拒之法以著故水戰利便利用之器具則有水平拍竿皮船水器了鳥筆斗鎌陰陽鐵燕尾牌虎頭牌發貢佛狼噴筒火箭烏銃藥弩擲遠飛標火磚灰桶縱油硝黃械筏蒲筏簰筏浮囊水袋飛絙之類水戰利走利鬬之應宜則有家衝鬬艦遊艇天艎艉海飛江樓船走舸海鶻艓艎下瀨戈船沙船漁船樓船網船鷹船巨艦橫海追雲橫龍滄兒四輪舸兩頭舟八卦六花船鴛鴦槳子母舟破敵舸高把梢船開浪船蜈蚣

船八槳船大頭船尖尾船大腹船蒼山船艫艄船兩頭船草撇船海滄船廣東船水虎捷水虎翼叭喇唬混江龍犁雲虬飛海龍赤天艘鐵海青四䑿三櫓之名率皆古今水戰之長技有用而捷者有用而頓者其風濤順逆之勢港汊大小之宜江海淺深之用此在明將審勢相機因時變用不可拘也然不佐助以火弗易有功故曰軍中大利用者必在水火大為害者亦在水火不伏水火無以見崩天裂地之勢固在用之得宜與不宜耳

車者軍中之羽翼始于軒轅盛于三代用以陷堅陣要彊敵遏走北也故太公製武衛大扶胥者輪高八尺以二十四人推之可陷大敵也武翼大扶胥者差小于武衛輪高五尺以

一十八人推之可比銳師也提翼小櫓扶胥者又差小于武
翼用以獨輪大黃參連弩扶胥者又稍大于小櫓伏以飛鳧
電影皆可以推堅破强迎遏大勢鬬而武王之製戎車宣王
之製元戎楚子之製二廣晉人之製五乘衛青之製武剛車
馬隆之製偏箱鹿角車馬燧之製冒戰車衛鋒之製如意車
黃懷信之製萬全車王大智之製雷電車洪武四年亦令造
獨轅車永樂宣德中增益其製近如譚司馬奏造兩轅車于
京營轟重失制運轉艱難無益于用也迄皆歷費情乎他如
狻猊軒神獸車橫陣車翼虎車自行車必勝車火箱車雲軒
車行砲車霹靂車轒轀車旋風砲車各樣大小弩車各樣大
小砲車刀車槍車櫓車絞駝車鬬車衝車輜車大油車巢飛

車蒙車天梯車離合車磚獅車伏虎車帳幕車三輪車輕車小戎木牛流馬騎冠牌車流車之類古人用之歷能霆擊風馳何往而非取勝獨不用于今時何也豈匠不能製而地不能用哉不能變通其用者必以山水形勢不便為說今之山水即古之形勢其宜與不宜又不待辯而自明矣昔以弩衛車今則益以烈火弩有毒藥火有神方而車有異製其功固十倍于古人又可見也當事者不言運用之不能變通而謂車之無益于用難矣識者謂制敵先制馬制馬必以車又謂破敵非難難在車製戰而無車猶身之無甲所以胡人之勇悍胡騎之輕慓非車無以禦以牛馬驢騾代人之力者發機于前故不為妙設有巧思者能發機于後或中或傍斯為有

勢是得其善矣大率製車以樸素渾堅活潑機搆思宜巧法宜新是也若一時有急能令市上及農間大小之車俱可赴戰此又得用車之竅者矣

飛樓望遠插版陷阬飛橋鈎橋轉關鈕鐳轆轤刁斗轒轀地濯天羅地網武落織女穿環暗門泥擂木擂風扇竹牌磚擂石擂地笴鐵屋劍辦備胥撈蹄挺馬蹬籐皮幔麻搭鯽筒狗腳木筤籬笆垂鍾厥拐子木夜叉擂鹿角木木女頭木馬子鐵蒺藜鐵菱角鐵撞頭狼牙拍鐵飛鈎闌干棒霹靂棒之類率皆攻守之具悉令備置于軍中可也如布城軟壁用于南方則野戰固有所恃用于北鄙則虜馬亦為之驚疑或軍行失道則以指南車子午針定其所向欲還本境乃放老馬引

導于前軍圍八面欲知其進退當令城內八方鑿井深二丈許取新瓮以薄皮鞔口如鼓使聰耳如井中枕瓮而聽去城千五百步悉知之矣或令少壯者枕空葫蘆臥幽靜處人行二十里外東西南北皆知之名之曰瓮聽曰地聽器具畢有異名如以鐵蒺藜爲鬼箭以擲遠爲飄石以伏弩爲耕戈以大磚爲滿地錦以竹片代銜枚以木城爲壁壘之類不可悉數爲將者固宜識之凡製器具務在精奇三軍生死相關國家存亡所係不可因中制而避嫌省費也須令匠作自製營中切勿推于有司致誤大事所謂負大計者不避小嫌不惜小費軍中之樂以圍繳觀進止之節然賞罰之令必嚴將帥之儀必整如戲劇音樂之類音必雄壯慷慨戲必馬步藝能

凡無益于軍用之技無預于激烈之音者不可有也

平時用技稱十分精熟而對敵之際能用出五分者不敗能用出六七分者必勝多有當場便忘了平素手段況生死之際乎且如長短器械錯雜陣頭一齊擁進起身就截便砍雖轉手回頭尚不可得豈容活潑動跳做作進退身勢手法耶所以虛花武藝一些毫不可用在陣頭上正謂此耳練兵者若曾親經戰陣當識諸此然藝雖倍精于敵又不可失勢勢一失恐有隙可乘有隙可乘則勝敗未可定也

陣紀卷二

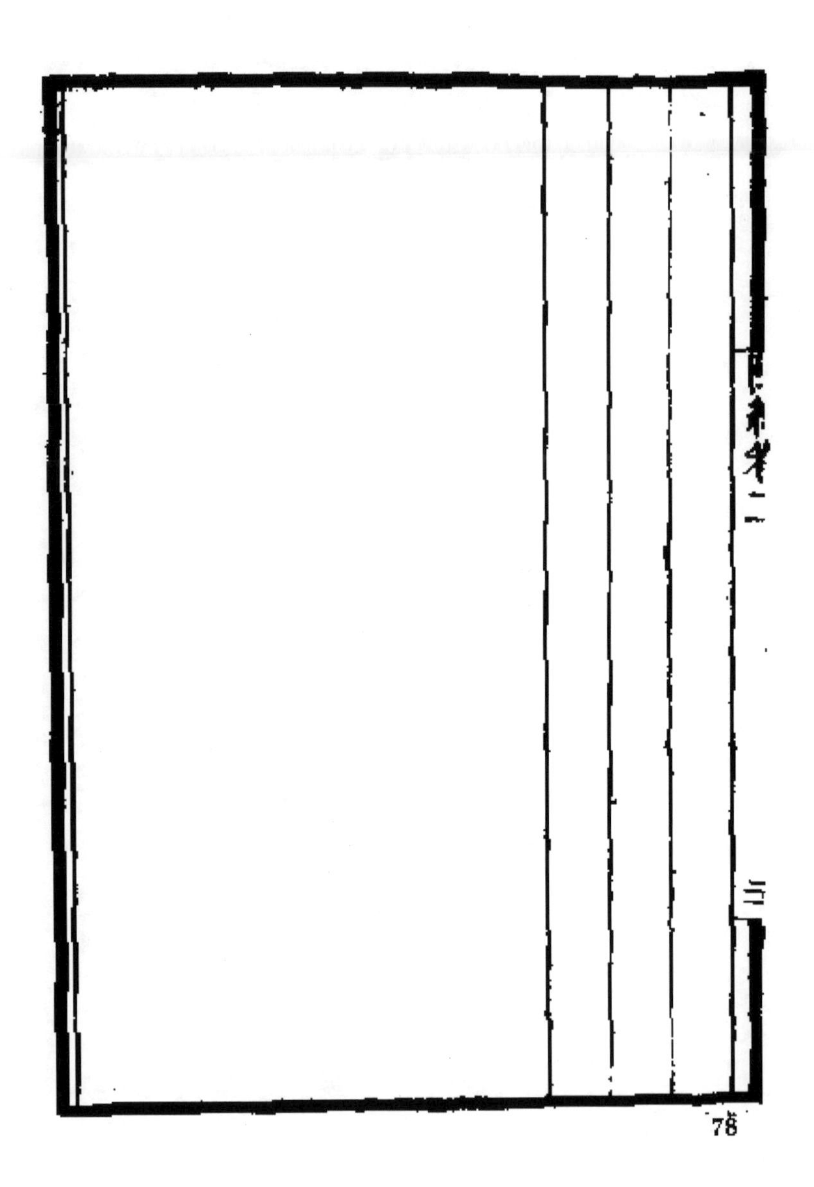

陣紀卷三

陣宜

天之積卒陣之宗也內外方圓左右顧應曲折參連互隱奇正備而至簡固而至整雖神聖握兵不外乎是故伏羲氏觀積卒而立五軍九營為師卦順靜臨險或不可測遂名之曰師卦陣也軒轅氏又發積卒之秘變師卦之體立天地風雲衡軸衝之義而成握奇陣也呂望變軒轅之制畫為九區方諸井字而為三才五行陣也周公立伍兩卒旅師軍之法以六軍為正奇兵在正軍之外從兵又在奇兵之外而為殿兵陣也鄭子元按周制以偏為前以伍承偏之後一軍二十五車列方勢而為魚麗陣也楚武王以山澤車少人多五十人

爲兩百人爲卒十五乘爲偏偏後別有游闕以三軍爲正列左右二廣爲親戎而名荆尸陣也晉荀吳法周制而爲前拒左右角每伍分五方而立每兩每卒亦分五方而立地險則舍車爲步步如車布五車爲隊隊之布如卒之布二十五車爲偏偏之布如隊之布五偏爲屬陣之布如偏之布故車法起于步法步法不外乎車法而名之曰崇卒陣也吳闔閭以步兵三萬爲三軍一軍分百行一行卒百人列成方勢以白爲中以赤爲左以黑爲右惟取相生之義不施詭譎不練戎車故不敢抗于中國後巫臣教吳以偏乘之法以罪人居先三軍居後以步卒居先戎車居後與楚戰于雞父因有雞父之陣也管仲更周制以三萬人六百乘一軍各五旅小戎各四

十乘別有卒萬人車二百爲奇兵而分先驅申驅啟胠廣殘騎乘大殿八名故使人相習偏相共居同業行同和死同哀而稱內政陣也以是而入孟門登大行滅武軍封少水一戰而服三千餘國爲司馬穰苴齊管仲五偏而行屬公邸乘復黃帝之握奇以萬二千五百人取十之三爲奇兵布之中壘取十之七爲正兵布之外營名之曰握奇營陣也晉孫武以伏羲師卦內外俱圓黃帝握奇內圓外方迺變而爲內外俱方取河洛經緯之義八八相乘爲六十四奇正分合大小包容復配以爲虵龍虎而爲乘之陣也戰國巧士以象棋三十二子倍之或方或圓內外四層而爲象棋陣也韓信以三十萬人分爲五軍孔將居東南而爲左費將居西南而爲右自

將前軍居漢王之先絳侯柴將軍又居漢王之後而成垓下陣也諸葛亮乃原握奇因乘之推河洛之方圓寓井田之遺制分四奇四正以西北乾位故名天陣西南坤位故名地陣東南巽位故名風陣東北艮位故名雲陣東方屬青而爲龍陣西方屬白而爲虎陣南方屬火而爲鳥陣北方屬水而爲蛇陣大將居其中握四陣爲餘奇別有游騎二十四隊以綴八陣之後大抵陣隊相包奇正數別伸縮翕張進退有節爲方爲圓爲曲爲直爲銳或滾或歸或前或後合而爲一列而爲九變之無窮觸處爲首名之曰八陣圖也晉馬隆循衛李選士二千二百人配車一百二十八乘三百人爲遊奕依孔明八陣圖而爲四層路廣車上以木爲拒馬向外結營而

行名鹿角車營路狹更施木屋以蔽矢石木屋拒馬以低爲
式治力前拒兼束部伍且戰且進名曰偏箱車陣也李靖六
花本孔明八陣而變其中偶落鉤聯曲折相對無不參綜古
法步騎與車三者相兼而用以車曰駐隊步曰戰鋒居前爲
正騎曰戰隊又曰跳蕩居後爲奇名之曰六花七軍陣也隨
其地勢去其中營而變爲曲直方圓銳五圖而名之曰六花
曲陣也六花直陣也六花方陣也六花圓陣也六花銳陣也
若遇險阻仍用七軍向背得法作偃月營其征遼也乃結東
七軍爲四圖方揚高祖之制爲四門斗底陣也其征突厥時
因乘之陣法復變六爲十二以四奇八正首尾相因行止相
隨生死同義名之曰十二將兵陣也其定遼時雜番漢之兵

而用之外營十二陣皆步而騎各包步卒之中一騎各當一正一正不勝一奇一陣受敵各自為戰奇正相混使人不知所謂無不是奇無不是正而名之十二辰陣也宋太宗以車四千三百二十乘騎三萬六百五十疋步卒一十四萬九百三十人布為五陣各以二行為表裏中以三陣相從為犄角故五軍而有七陣遂名之曰平戎萬全陣也宋真宗之晨陣有先鋒隊策先鋒前隊東西拐子馬後有拒後陣內有無地分兵隊大約與萬全陣小異也凡用步兵欲以寡闘衆弱勝彊者無如李陵之馳驟韓信之輕裘張巡之聚散岳飛之任機楊素之擢陷吳璘之三疊戚繼光之鴛鴦而臣之連環因之數十勢而已然皆參古法而今作但其用變取勝而各有

嗣異此在學者變通之耳能將握步根本條之精出之懸變
之神自可騁步卒橫行而無敵也故善作陣者無一定之形
必以地之廣狹險易節據方圓曲直銳而因之可也又從敵
之衆寡强弱治亂而因之可也至于我之多少輕重或爲營
角或分伍行或列三才卻在臨時布演務須首尾相顧必應
表裏隊陣能形容名各別衛之不亂亂之不動斯爲有用是
以出正兵不外三疊法出奇兵不外奮前峻二勢耳地窄只
用一伍地廣便用十伍百伍千伍萬伍亦可也地窄只用疊
隊地廣則加翼隊包隊伏隊應隊亦可也夫兵以進輕退重
進易退難所以非鳴金不退苟退一如進法各以前隊之兵
稍乃遞立於後隊之後更番止齊壹如迎戰之勢以備敵之

豪我故止而齊齊而整渾沌而不亂紛紜而條理是為有制
世稱孔明八陣曲而繁管子內政直而簡其說尚矣但言曲
而繁者尚不知其何以為繁曲言直而簡者尚不知其何以
為簡直惟以聲字相傳訛舛不辯漫浪妄談何可為式須將
古人已成之制苦心求之巧思變之務令前後左右動無不
利而後因時立宜擧其可用之法行之可也否則謂吾胸中
自能行出千百萬陣不必方效前哲即我作始亦可也或不
能變用古法而吾胸中又無自得之妙只僅僅循守節制以
方圓曲直銳五勢因地用之縱不大勝必無大潰也談兵者
若欲强執一圖穿鑿附會妄立繁曲直簡謂吾必勝古人足
以應敵于無朕恐終不免為李希烈之徧耳

談兵者每好穿鑿或假知兵之名而妄作陣圖爲害深矣豪傑之士固宜識之如風后之握機陣者某人所作獨孤及附會而記之也積直之握奇營者元人許洞之所作也孫武之方陣圓陣牝陣牡陣鴈行陣罘罝陣車輪陣衝方陣常山陣者皆唐人裴緒所作崗而王氏分配八陣李筌附之而有天覆地載風揚雲垂龍飛虎翼鳥翔蛇蟠之名張煜配而爲新變風揚陣新變雲垂陣新變龍飛陣新變鳥翔陣新變虎翼陣新變蛇蟠陣無天地二陣而爲六焉再作天乙曲陣太乙直陣又併諸八陣分配天地風雲鳥蛇龍虎而復加之符呪誕甚矣更以五行分配曲直方圓銳焉又復變八陣六陣爲鉤轉蟠曲焉又作十二將兵以配周制車乘焉又作營頭

陣法焉又作滿天星陣焉又作八卦陣焉又演爲隆備箱車陣焉又演李靖六花陣焉又廣上六花七軍陣爲五花陣焉許洞曰敵爲彎陣應以飛鶚敵爲直陣應以重霄敵爲突陣應以長虹敵圓四面應以八卦是雖作陣應敵之一端但勢在一面四隅無兵而中軍無握奇外列無伍法恐爲智者出奇兵以擣心腹逆襲如許洞之穿鑿者不可類數大抵負誕好奇不究根本形勢曰巧實用曰拙若乃執而行之不免爲武安君之所傳機直謂位欲嚴政欲果力欲宛心欲一正縱橫察名實吳子謂賢者居上不肖者處下則陣自定矣若徒以形名機巧爲宗而不信二子之說由未得作陣之術也況可以奇名巧勢爲穿鑿哉臣是以知二子得作陣之固

凡作陣須安而靜止而理輕而衝重而治變化前後卒然遘
止車騎相因將以繼始故曰營陣靜治以爲固甲兵堅利以
爲雄又曰車列得式騎步有翼徒步據陵水濱當塹然兵必
雜以短長行列欲其疏勵士卒能以不孚戰鬭自致齊一其
列不可疎疎則難應亦不可密密則難用大約步兵一人占
地兩步騎兵一人占地四步故陣因地勢而立衆寡之則皆
圖神怪以彰殺伐之威步雜車馬而變奇正之用若夫用步
貴知變動用車貴知地形用騎貴知別徑奇道善兵者不外
三才而用戰爲陣頭不宜速過陣尾必議變更陣勝最須實
整陣翼務使輕疾太公曰臨敵必置衝陣復以車騎分爲鳥
雲臣謂衝陣者戰陣也正兵也鳥雲者翼隊也奇兵也鳥之

聚散無常雲之行止不測以鳥散雲合而變化無窮故取義爲鳥雲陣焉有衡陣則有營陣矣營陣者大隊也衡陣出自營陣之中學兵者觀此可見用陣之則李靖曰車徒當教以正騎隊當教以奇殊不知車徒原不泥于奇騎隊亦可以爲正曹孟德用三騎之法每回軍轉陣則戰騎當後遊騎當先以陷騎爲應變此更番自備之意得矣戚繼光曰列陣無難使人各識我陣爲難人之各識我陣亦未爲難使人能用我陣爲難而所爲非知之難行之難也斯語似能作陣者矣臣謂雖能行陣用陣而不知駐劄營陣之吉凶善之半也故門宜向陽以受生氣不飲死水無營死地無居地柱無處地牢無處天竈無横龍頭無當大谷之口恐敵所衝猶防決水無

止大山之端慮敵所圍不利水草大將所處必從九天青龍華蓋常坐我前地無草木不集禽獸不可營也古城古社窰竈邱墓不可營也焦石砂礫水流逆行不可營也必得水流滯澱爲上黃黑渴者卽投膠礬澄之水停不流處有汚毒藥在敵所無得輕食水流有黑脈敵而不定者食之必死水多糞草人獸尸骸者食之必病須從傍鑿井宜得甘泉所謂軍井者指旋鑿之井也水流而盈減倏忽者上有壅塞之謀水止而波沮洳限于路者下有澤淖之陷水異在敵而無甲士守者或有隱伏之奸

戰令

尉子之重刑令也所統千人以上有戰而北守而降離地逃

衆命曰國賊身戮家殘去其籍發其墳墓暴其骨于市男女公于官所統百人以上有戰而北守而降離地逃衆命曰軍賊身死家殘男女公于官是故以守而破陷則一軍上下受誅以戰而敗北則一軍責戰皆斬又曰能殺士卒之半者威加海內殺其十之三者力加諸侯殺其十之一者令行士卒儒者論兵以尉子為慘刻然不知尉子者無地無天獨出獨入誠所謂一人之將也善兵者能會其意而去留之得作戰之機矣今也民驕備弛戰士困苦而中制太過將之賢能令輕刑賞臣謂非尉子之法無能新軍政啟疲弊也乃減加其差等而為之令使戰令必行則士卒自畏士卒畏主將之刑則偏裨畏君上之死矣故上陣有保領牽制之法單士保領

伍隊長出戰無失伍隊長保領千百夫長出戰無失千百夫長保領偏裨左右將軍同左右將軍不能誅偏裨將之不用命與無偏裨將同大將軍不能誅左右將軍之不用命與無左右將軍同大將臨敵而死則左右副偏裨將千把總伍隊長以至中軍近卒力士技士儲將謀士悉應斬之餘惟稍違吏士有軍功者免死所以凡戰而亡其將吏頭領者所轄官弁士卒皆死之將吏棄其士卒而逃者亦許諸士卒捕而殺之不捕者同罪

陣亡卒而得敵二人者本隊免死亡一二而得三四者賞之亡一而得敵十數者賞而復陞其本隊隊伍之長亡一二而不得敵者本隊隊伍長并軍士悉斬之抵敵負傷而不死者以

其全隊月糧賞不死之卒亡卒而失其帳者全隊家產通給亡者之家亡五十卒而得敵之百人者偏裨將千把總伍隊長得以免死亡五十人而全無斬獲者偏裨將千把總伍隊長盡誅之如左右將軍以身保其立功贖罪而能奮死陷陣得敵百功以上者免之因而大潰敵陣者賞而復陞出而無功雖左右將軍保者亦斬之其各將領財產盡給于死者之家然陣上回報首級一節法所當禁何也一報首級即趨爭心而伍自亂敵必乘我亂也更無得取敵所遺財物一取財物自相爭攘而隊不齊敵必乘我躁也只應雷擊風行使敵無所措備敵潰之後監軍者紀其某陣當某敵某部勝某方某隊進趨某伍少卻功罪應否明白乃發刀斧找取其心自

一兩功自均也不但心一功均抑可免私殺平民報功之弊故有兩軍同報功級者斬之除四夷外則中國之戰又不必以孜孜首級爲計也國在任機權者臨戰應宜之耳

未戰之前一二日士卒敢有畏戰逃者綁而殺之伍隊長不能捕者俱斬仍將同伍同隊之卒各打百棍若有知其逃情而不先首者亦斬有能首而密伏所逃之路擒捕其逃者即以所犯之糧并所犯家資賞之不實并誣者反坐如果陡病不能赴戰者聽本營官吏伍隊長驗入中軍調理詐者坐法誣其詐者亦坐或一卒一伍一隊奮勇抵敵而同伍鄰伍同隊救應稍遲致損奮勇伍隊頭目者同伍鄰伍同隊頭目以至軍士悉斬之或一部一營奮命應戰而諸部別營躲于當

撥致覆蹙戰之陣而損將失事者諸部別營大小頭領俱斬之其偏裨將千把總之分布策應原以其地之遠近遲坐者碁卒能奮力陷陣而復得敵之頭領者即當舉其為千把總或得其謀士及正副敵將者即當舉為偏裨將敵未入彀而伏兵先起敵已越彀而伏兵未發因而致誤機事者領伏頭目俱斬各兵綑打仍扣月糧奇正之兵見伏已起而不急應者同罪凡塘報夜不收哨探之類為人欺誑傳送不真因而誤事者斬哨探發行不知敵至者斬哨探不以敵情實告主將而反與同誓宣露者斬哨探既與遠近已的多寡已明臉易已得惟聽主將分道發遣無許負氣先登貪功先動所以如期不到未令先行臨敵先退者俱得斬之大將懈于料理

分措失宜嚚賢傲能引用不肖以致覆軍折將者監軍官奏
斬其頭沒其三世監軍官偏執已私不知大將致誤國事者
同罪
分營別壘各有汛地上自左右偏裨官將下至材官備將技
士亡命以及伍隊士卒惟視聽主將進退合分號令各不得
越界往來私相言語設有犯禁節治以法臨敵違令者橫門
斬之故曰內無干令犯禁則外無不獲之奸矣所以陣定而
足數移頭數顧行伍摟撥稀密不均前後紊次旌旗亂搖金
鼓不飾者所犯與隊伍長俱死之故舉號差錯則掌號者罪
行陣失序則偏裨官亦坐臨敵而誤號則掌號者當斬臨戰
而失序則偏裨將亦誅是以出越行伍爭前滯後不遵將令

擅出入者斬傳列已成從左右將以至監軍官而下俱毋得乘車馬入營違者斬之更不許私抽營內一人一騎役用抗者斬之無主將符契至而擅發兵者斬之符契既至而不即發兵者斬之失旌旗金鼓符節或爲敵所竊者全隊斬之姦淫敵境及沿途婦女或匿婦女在營并陵虐所過人民者全隊斬之進退不遵金鼓旗旛火角號令者斬之倡言敵人威勢以悚其衆者斬之巫祝私爲軍士卜其行軍之吉凶所問與巫者俱斬之主將進退而密令出攻伐機事未行而有先聞者若與所聞者俱斬之結黨毀謗詭言妖異者斬之私察是非因以牟利者斬之漏洩失機事于敵人匿奸細緣由于境內者斬之嫉蔽賢良使才士不得見用於緩急者斬之更

令稽令夫令玩令者斬之違主將一時之令者斬之守城破陷悉斬守者圍敵潰圍悉斬圍者宜戰不戰悉斬戰者當援不援悉斬鄰隊遇急不舉烽號及先舉而後續繼不應者死之軍行在途糧草遲到所過而誤支給則司餉者死之出軍在道若見前隊遺落器械銀錢等物許所見本隊隊伍長收貯待營定則稟所管偏裨以召失主認領妄認及隱匿者俱斬後隊見而不收者亦打百棍隱匿臨陣死亡士卒資財者斬吏士受賄定罪紀功不實者斬臨敵自任傷殘欲避鬭戰之險者斬臨戰失去衣甲器械或質爲宿娼賭飲之資者斬敵有棄械解甲乞降而輒殺者斬獲得敵人私書即宜密送主將或先開讀及先與本營官看者斬敵使入軍非

主司輒與語者斬擒獲敵人及來降者即時領見主將不得輒問敵中事宜因而泄漏者斬行軍出戰樵採牧汲不遵號令者斬忽見怪異飛走之物入營能捕獲者急送主將設有私自藏匿私告于人者斬測度軍中行事者斬出師在道雖值飄風驟雨無令軍士棲止忠臣孝子義士節婦之家違令者斬軍臨敵境有妄殺老少發毀塚墓搶掠資財焚燒廬舍踐禾伐木者斬夜深無故號呼驚營動衆者斬鄰隊鄰伍知其驚營而不靜待亦故附其號呼者俱斬營中無故火起燒其軍幕器具斬其發火之伍仍沒其家除主將傳令某伍某隊救火外餘皆不得輒離職掌擅動者斬伍兵不利衣甲不精以致臨敵不堪施用者斬倚其利口巧舌搬弄是非以致

軍士不協者斬妄言神鬼夢寐禍福動惑吏士者斬竊人貨物為己財奪人首級為己功者斬指麾令出有低眉俛首結舌不應而作難色者斬崛彊使令出言怨上者斬不守禁約高聲喧笑旁若無人者斬託疾謫病以避艱難扶傷舁死因而欲遁者斬大將與左右偏裨聚議密事有過帳竊聽者斬探敵不的報敵不詳多少失數遠近罔實者斬私擅賞爵私厚所親故薄所怨以致人心不平者斬刁斗不振更籌失遞號火滅息者斬非犒設而無故致醉狂呼者斬令者將之大柄所謂內畏重刑外無堅敵故不得不重也然臨斬權宜務使三軍心服乃是

戰機宜讀熟此篇臨機始能變化變化非易須早早熟踏于心中得一萬全之上策

戰之機者藏形于無遊心于虛故聖人常務靜以待敵之有
形所以放乎九天之上蟠乎九淵之下以其無形可見也深
間不能窺智者不能謀以其無隙可乘也不襲堂堂之寇不
擊填填之旗欲待其形之先見也見敵之有形矣乃任我之
氣勢或擊其先動或乘其變生敵將堅壁我則突其未成急
趨其可攻敵欲衝我我則絕其必返先備其所從敵長則截
之敵亂則蹙之敵薄則擊之敵疑則懾之敵恃則奪之敵隳
則襲之若鷙鳥之忽起若颶風之陡發倏忽上下莫知止過
如雷霆之震擊如暴雨之傾注左右前後莫知所禦是故有
風雨之行故能威絕域之民有飛鳥之舉故能服恃固之國
有雷電之戰故能獨行而無敵是以善戰者必以盛而乘衰

以實而擊虛以疾而掩遲以飽而制饑應之以不窮投之以
不測飄飄忽忽莫知所之獨出與獨入而莫知所謀其合如
雲其變如龍若從天降若出地中猶水之擈火無不息湯之
沃雪無不溶既其退也敵不知我之所守其進也敵不知我
之所攻且夫水主至柔而能觸崩邱陵性專而觸誠也市合
脆而能必勝勁敵以死而易生也若能指士卒之進退如驅
羣羊麾偏裨之赴戰如鷹犬使其上雲霄而不知其爲高
入叢林而不知其爲礙蹈重淵而不知其深者乃可稱將兵
深入敵境而無一人動靜者必有埋伏繞我歸也須令勁勇
爲毀捕[illegible][illegible]弩以翼之發輕騎以懸之急守根道設犄角堅
壁火陣數出奇兵振其先聲爲左右逐掠敵若空虛急乘我

之機勢地勢相遠彼此力均不可挑戰恐貽奔趨之勞敵或有隙必速壓之無使其復備也我可以往彼可以來之地必先居高通餉其勢乃佚其戰則利孫子謂先處戰地而待敵者佚後處戰地而趨戰者勞所以善戰者能致人而不為人所致尉子謂敵地大而城小者必先收其地城大而地窄者必先攻其城地廣人寡者則必先絕其阨地窄而人衆者則築大堙以臨之故作戰必因地勢之便率與敵遇乃因地而發令濟而復用其險阻山林水泉邱墓之利也地易遠曠以車騎相因草木蒙蔽以步卒接戰長林茂陵以奇伏迭出深峽隘口止衆用少踰水涉澗益以火箭高下相懸未可逼近晝多旌旗夜多火鼓風雨雪霧變以旂角以寡擊衆務於隘

塞必於暮夜伏于叢茂要于險阻以衆擊寡務于廣漫利于旦辰分守要津絕彼運道若驅水火須知攪後搏前偶際晦冥必識相機邀襲與敵分險相拒先當塞谷備衢屬我戰道處山之左急備山之右處山之右急備山之左我地險悖動有掛碍可往不便于返者當謹我歸路敵若無備分兵擊之敵若有備不可出也壁以武剛踏以踵卒續發哨探密遣埋伏務得纜貫遠近衆寡之情然後可為致勝之策哨探埋伏必選精銳誠實抑非庸卒可使然致勝詭譎情狀萬端若指以山谷蒙翳處伏藏之所為伏不過尋常之伏耳是豈能應命於不窮哉故善伏者敵雖巧智無能測識我之所伏也是以用伏之微并神化乎兵術者未可與語伏

淮南子謂敵躁我靜必罷其力敵先我動必觀其形別其邪正以制其命審其所處或極其因敵或反靜先出我奇敵謹後節卽與推移敵有所積必有所虧敵若左轉襲其右敗領能先弱敵而後戰者費不半而功自倍管子曰不明于敵人之將不先軍也不明于敵人之士不先陣也士卒未附數習未精敵情未得不可以言戰也是故文王不能使不附之民先軫不能戰不教之卒王良造父不能以弊車罷馬疾趨而致遠后羿逢蒙不能以枉矢弱弓射遠而中微所以善兵者必使其兵利也甲堅也力洎也令信也機得也乃量彼己之勢而後握必勝之權故士卒倚其必勝而自輕鬬魏文侯曰有師甚眾既武且勇背大險阻右山左水深溝高壘守以強

弩退如山移進如風雨糧食又多難與長守則如之何吳起曰大哉問非車騎之力聖人之謀也能備千乘萬騎兼之徒步分爲五軍軍各一衢五軍五衢敵人必惑莫知所加嚴陣堅守以固其兵急行間諜以觀其慮彼聽吾說解而去之不聽吾說斬使焚書分爲五戰戰勝勿追不勝疾走如是佯北安行勿鬬一結其前一絕其後兩軍銜枚或左或右而襲其處五軍交至必有其利此擊強之道也臣謂吳起擊強之道乃以五軍交至而必有其利管仲必勝之道乃以卒附教精兵甲堅利而明敵人之情敵人之將敵人之士而後戰也劉安擬戰之機乃罷敵力觀敵形因敵勢而與之推移謂先弱敵而後戰者費不半而功自倍三子論兵其致則一其用則

不同耳吳子雄而銳管子重而堅劉子巧而無定巧而無定

者談兵者也談兵者每作其形勢雜其機權神其應變直欲

雄視千古而後已用兵者必盡諸人事慮其垂成觸處機隨

故無往而不利所以談兵與用兵之才大異胥壞如能談兵

而又必能用者臣不敢不讓管吳也

陣紀卷四

摧陷

必死不如樂死樂死不如義死義死不如視死如歸夫一人必死足敵十夫十夫必死足敵百夫百夫必死足敵千夫千夫必死足敵萬夫萬夫必死天下莫當況義死者乎設有義死之軍出死罔難敵矣百人一心則能陷千人之陣亂千人之伍千人齊力則能覆三軍之衆殺萬人之將萬人并力則四海震驚無敵可向況必死者乎吳子曰有一死賊伏於曠野千人捕之莫不梟視狼顧者何也蓋恐死賊突至奮命傷人所謂一人挺刃萬人避之豈萬人皆不肖也必死與必生之心不同今能使千萬衆之氣如一死賊而誓不俱生則進

不可當退不可拒雖有謀者亦難免也故善摧敵之堅陷敵之勢者能使三軍負必死之氣也善用必死之氣者當法諸楊素仿諸淮陰考諸實軌可也素每臨戰必令弱卒赴敵陷陣則已不能陷者悉斬之又令復進不能陷者更悉斬之則將士惟知進退皆死所向無不勝焉信當強敵但置軍於不能退走之地謂無所往矣無所往則知非死戰不能生非疾鬬不能出自是併其力齊其氣奮其命一其死而決之戰軌每赴敵有步將稍却者俱斬之拔隊中小校以代自率鐵騎以殿乃令之曰鼓發有不進者自後殺之士聞鼓聲無不爭馳以進鬬所以嚴刑爲作氣之基作氣爲摧陷之本摧陷爲必勝之權故善決戰者必使諸摧陷能摧陷者必振其死氣

善作氣者必極其煩刑法曰剛柔皆得地之利也又曰攜手若使一人不得已也死地有特致之者有誤至之者死氣有令作之者有自振之者恐其亂目也禁妖祥之事恐其亂心也去狐疑之思乃焚其貨財忘其生路使人人豎髮裂眥不待命令而皆自為之戰所以發令之要在必信從作氣之機存乎心巧且兵無常勇亦無常怯氣使之耳氣强則勇氣懦則怯氣勇則戰勝氣怯則戰北勇怯强懦其由甚微善作氣者得乎機善用機者決諸勢勢莫為敵所用而我常用敵之勢也氣莫為敵所奪而我常奪敵之氣也故其攻擊也若迅雷飄風其摧陷也若崩潰倒決其搏執也若鷙鳥拏攫使敵莫測我之所從來莫與我之所忽及吳子謂戰鬬之場止屍

之地是以喻之如坐漏船中伏燒屋下若能厲氣舍死當敵之鋒則敵之勇者不及怒我智者不及謀我我或反生而敵必死耳所謂必死則生幸生則死能令人之必死者勵士之功也能使令之必從者教戒之法也故曰令以恩信行氣以振作勇又曰士人盡力我雖憑陷不懼

因勢

得機略者不逼人之窮不攻人之銳不敵人之未及必因其盛而致之弛擊其虛而待其疲取其無備而疾襲其遲是以用兵之術惟因字最妙或因敵之險以爲己固或因敵之謀以爲己計或因其因而復變用其因或審其因而急乘其所因則用因而致勝者不可言窮矣敵雖有智必知其不能逃

我之所因也吳子謂占將察才因形用權則不勞而功舉故敵居高燥不利水草因而困之敵便水草已處卑下因而灌之敵居不便出入艱難糧道遠絕因而凌之敵地廣大食寡兵少四守失隘因而急之敵將貪利忽名可賄可陷上驕下怨可間可離愚昧輕信可懾可誘囂喧不整可薄可欺乘勞務利可襲可擊慮進疑退衆必失依人有歸志將不能禁開險塞易其軍必迷若夫敵人疲怠饑渴驚疑前隊未營後軍未涉偶值晦冥風雨忽作故可因敵之勢以致勝也我勇且謀士卒死戰進如驟雨發如飄風故可因我之氣以決勝也關山狹路大阜深澗龍蛇盤磴羊腸狗門險壁飛鳥守在一人故可因地之利以必勝也三者得一敵已挫亡俱得用者

所向莫當所以善兵者必因敵而用變也因人而異施也因地而作勢也因情而措形也因制而立法也故曰能者用其自為用也不能者用其為已用也用其自為用則天下莫不可用用其為已用則所以得者鮮矣

舉不輕勢不逆以一匹夫而能施德義協人心信刑賞新政令使人不敢逆其命令而必為之致用者惟伊尹呂尚孫武穰苴管仲吳起韓信孔明之輩能之且輕舉者必敗也逆勢者必亡也善兵者當窺識數子之不逆勢不輕舉而又能致人于必用之處是得用因之根本矣所謂因人之勢以伐惡則黃帝不能與爭威因人之力以決鬬則湯武不能與爭勝故能得其因而乘其因者則萬軍之將可擒四海之英雄可

制也言兵者動輒誇淮陰能驅市人用烏合謂其致勝也有
神術焉此不通乎用兵之本甚矣淮陰所處之時有可驅之
勢有可合之機故因其時順其勢而鼓舞之迂誤之激烈之
卒然之死陷之使人無不怒目攘臂齊勇皆戰者何也蓋六
國恨秦讐之深萬姓怨秦法之慘傚然若焦熱傾焉若苦烈
雞犬不相寧貴賤不相僇不獨人心厭秦而天亦厭秦久矣
怨兵起山東項劉繼峙淮陰適際其時輒握其畧獨開孫子
九地之竅乃因勢而驅之握機而死致之是易于啓發耳假
使彭黥而亦識此竅則淮陰又未可恃以必能也 臣是以知
淮陰生於斯世欲廢本兵外節制抗監司驅市舍以戰而必
勝以攻而必取吾斷未敢為之許所以因時順勢而利導之

者能者之事也恃人逆天而抗時勢者妄者之事也信固得其時順其勢而爲能者之事矣學兵之士當究其事之可否難易幸勿爲豪傑所欺笑焉孫子曰勝可爲也敵衆可使無鬬策之而知得失之計作之而知動靜之理形之而知死生之地角之而知有餘不足之處故策者欲因其得失也作者欲因其動靜也形者欲因其死生也角者欲因其有餘不足也使深間不能窺故因其間以爲我用也智者不能謀故因其謀以爲我計也勇者不能鬬故因其勇以爲我力也所以能因敵轉化用敵于無窮因形措勝用形於不竭

車戰

法曰車與步戰于易則一車能當步卒八十人戰于險則一

車能當步卒四十人車與騎戰于易則一車能當十騎戰于險則一車能當六騎大約車用得法十乘能勝千人百乘能當萬人雖曰步不勝騎騎不勝車然有騎無車則一騎不能當一卒也務使步不離車騎不遠轂進退有制循環反覆得用車之法也凡車利結營尤便涉遠宜于廣易陽燥不利于卑溼窪洳所以貴高而賤下進止須從其道焉其犯堅衆也必先走其雷電纔以小戎急出駢車或突或衝火亂其西弩射其東半騎半徒伏旂從鋒晦冥不便塹壁勿攻車營被圍急擊有七敵之行伍未定前後未收急出輕車擊之士卒無常旌旗亂動急出武剛擊之不堅行陣人馬縱橫急出火車擊之進退疑怯三軍互驚急出弩車擊之遠來亂令暮不能

去急出衝車擊之吏貪務掠令不能止急出驍騎擊之敵陣既整輜積又多圍厚不解急出神獸車離合車霹靂車三方擊之出車有制握勢得機敵雖萬而克之必矣所以欲措敵馬之衝非車壁不可欲挫敵馬之銳非車擊不可欲逐奔衛之虜非車攻不可欲彌隙塞罅而却敵馬之不入非車守不可欲出塞開邊以建不世之業非車行不可然用車之要總不外治力前拒整束步伍而已曠野最宜鹿角曠地則便單車是以知戰車必不宜少用又烏可以不用爲是耶知節制奇正之用者必不舍是欲應變于倉卒間遂伐于數千里亦不舍是故曰非車無以致遠非車無以行制惟善用車戰者不限南北無拘山水無論重輕不泥分合實在用者之如何

耳其可以車爲無益于軍用哉

騎戰

騎者軍之伺候便于奔衝利于速闘踵我敗軍絶彼糧道便擊寇也然頓之則老宜于平易避于險阻林谷陂泖無令自苦是以用騎而必避之道固有八焉敵人佯走反我輕車夾我毒弩騎之致敗一也追北長驅踰險不止奇伏或起直絶我後騎之致敗二也地勢四守陷如天牢往入雖易退不可逃騎之致敗三也茂林叢木大谿深谷馳騁纏繞戰道窘促騎之致敗四也欲進而隘窄難從既出而迂遠難到彼之寡弱可以擊我之衆羸騎之致敗五也大阜在前高山在後左右夾以阬塹敵處表裏戰必艱難騎之致敗六也既進而不

能過咪遠而不能收敵又據我根本扼我陣頭騎之致敗七也沮澤漸洳草穢蕃蔓敵或現隱撲我聚散騎之致敗八也用騎而取勝之法亦有四焉敵人初至未列卒然摧其先部擊其左右搗其腹心謂之突衝敵或整治兼有鬭心必謹吾翼騎倏忽往來進如雷震合如風雨揚塵鼓歷令白日昏疑以神獸雜以小戍密更號令變化不窮謂之衝擊敵處平易結陣不固撓無險阻卒無戰心當急令驍騎薄獵前後翼擊兩旁斷其糧道以騷襲擾以夜爲晝其心必恐其收不救謂之乘亂敵暮欲歸無制者其衆必雜令我鐵騎十而爲隊或伏或馳散而星布起如鳥飛繼以毒弩按弓發機敵雖百萬其勢必疲謂之威劫騎戰之機不外乎八險四利而分合聚

散尤宜條理然非雜以車徒進退無本終是勢孤恐爲智者所笑故曰輕變之隊奇伏之隊跳蕩之隊突衝之隊踵軍之隊游奕之隊者爲其馳驟便捷利于邀擊奔趨而不宜于正守老頓也太公曰騎與步戰于易則一騎能當步卒四人大約十騎走百卒百騎走千人耳惟馬之所處必乘水草之便適饑飽之宜冬欲其溫夏欲其涼勤剔毛鬣謹其四下齊其進止慣其奔衝調戢視聽使無驚駭人馬相親然後可使銜轡鞍勒必令固完況馬之爲病不傷于馳逐始未即傷于飲食失宜吳子曰日暮道遠必數上下寧勞于人愼勿勞馬常令有餘備敵覆我能明此者橫行天下

步戰

大率步兵先立老營爲守然後分數處以聽指麾因變奇正雖雜騎隊出戰亦必迭更迭更之術疊陣法也故進必輕凌退必持重變必率然乃得用步之要其次務險其次務隘險隘者握用寡之機也法曰步兵不能以當車騎之蹂躪必依邱陵之險阻以爲固廣易則用拒馬扶胥劍刃蒺藜倘一時拒馬不便卽伐木爲鹿角營守者爲駐隊戰者爲鋒隊鎗筅鎌牌因勢而出布伏突奇必火必弩若能稍間車騎變以鳥雲動卽令人無措故教步戰之法起號卽陣舉號卽戰變號卽易奇正臨戰而忘教習者斬之過險而長進趨者斬之偶值形勢險阻須因地而爲方圓曲直銳之營以自持也只莫失于積卒握奇之旨如韓信之用死地李嗣源之救幽州張

雎陽用之聚散掩擊岳武穆之野戰更番楊素之立陷車令李靖之六花營吳璘之用三疊法戚繼光之變鴛鴦勢俱當爲步戰之紀而臣之進環因之二圖間以車騎亦可爲之有制然喊聲欲齊而震鼓聲欲重而沈戰氣欲揚而鋭死心欲必而剛藝必求其精練兵必雜以短長司馬法曰兵不雜則不利故長兵以衛短兵以守太長則難犯太短則不及太輕則鋭鋭則易亂太重則鈍鈍則不濟學者能因其機適其宜而通變之是得步戰之妙步兵抵暮須列布城設拒馬環儲胥以爲營壁伍隊長旗上宜懸鐵線燈籠外有罩罩以油布而爲之或便夜徙抑備襲偷如舉號罩起一望盡爲火城敵雖有見亦必驚悚其傳箭支更又在因時立制但夜營以至

靜至幽爲本

水戰

江上之戰必處上游水上之禦宜栅中流或因風縱火或因壅川灌或囊沙決隄或順逆故用舟自處不便舟自當逆風舟宜還而旋轉便器宜捷而火弩先分更宜速栅寨惟堅旗幟須多張而數變戰士須輕佻而素練此水戰之機也將須達其機審其利不得其利必爲所害也故處水之軍絕水必遠水客絕水而來勿迎之于水內欲戰者無附于水而逆敵無自處于下而當客所以視生據隘察其所來凡與敵遇于大水之滸且止其旁急令登高瞭望必揣水情得其廣狹淺深乃可決策敵若涉水半渡薄擊我不欲戰拒水阻之我必

欲戰故去水稍遠上兩水沫至我欲涉者必待其定也敵船鼓譟而矢石不交者兵器必少也敵鼓促急而徐疾失度者衆心疑懼也敵令小舟往來不定者必有謀議也敵既進而復退者探而欲襲也敵泊而揚帆者欲出我不意也敵火夜明喧呼不絕者恐而少備也敵火數明寂靜無聲者治器欲戰不戰即走也敵近村落而不登劫者心有所怯也敵未困窮而求降請縛者必有所圖也他如敵鼓無韻爲僞聲敵兵不動爲偶勢此庸將之所不籌然而智者必反其所計

習水戰之令臨汛官兵無得脫衣夜臥無得擅離本船凡角

掌一號砲放一聲鼓擂一通吏士皆嚴整器具聽令而去角

掌二號砲放二聲鼓擂二通吏士各就本部旗牖魚貫擺列

角掌三號砲放三聲鼓擂三通大小戰船依次進發左右前後無得攙越臨戰而忘教習號令者誅之遲行緩到及退縮不至者斬其捕盜遇淺稽遲者斬其扳招手雖先到而不直射敵船或傍撩及使風不正者斬其舵工繚手前船與敵交鋒而諸船不助致敵突走或陷先戰之船者旁觀從到捕盜舵工俱斬之敵船故棄物件于水兵士戀于撈取而不追戰許捕盜割其耳回兵之日誅之同船隱者連坐一船勝敵而諸船攙擠爭功不務分投追殺者以軍法治其捕盜同力勝者不在令內也

洋海之戰所慮風濤不時及處迷失向往當斗建為正加四時之知識進退矣或昏晦之際則以指南車子午針分其南

北故處水土之占驗與諸占家稍異者似宜記之如日暈主風月暈主雨風雨必從暈缺處來早光閃爍不從及雲起四下散如煙霧者必主大風雲若車形及海豬亂起發風必猛東風急而雲起愈急者必雨最難晴夏秋之際海沙雲起即有颶風霆雨水際龍青色風雨連朝夕水面浮黑灰風雨時下來海燕成羣飛白肚主風黑肚雨日沒後起胭脂紅及雲若魚鱗者皆主不風即雨也單日起風單日止雙日起風雙日止風起早晚和須防來日多晝起之風慮其久夜起之風防其暴夜聞九逍遙鳥叫一聲風二聲雨三聲四聲斷風雨蝦籠得鱔魚風水作不止水蛇蟠在青蘆梢大水直至蛇蟠望上稍慢下即至

火戰

惟善用水火者有震天之威故力不費而功倍之法曰行火必有因煙火必素具因者因天時之燥因敵處之荒蕪也具者具我之火器無所不備于軍中也若得其天時值敵之所處乃用我之所素具是以用火之法考時審日必得其風順縱煙虛必取其便發丈自幽致敵無救絕守去路勿令其逃如自犯火覆地雷霹靂火轟山砲之類悉皆神擊所謂發一機以殺百萬者也此雖出塞之天兵而亦守邊之秘事然中國之用又無往不宜如古之名將雄我勢大戰功使敵無所措備無所抵抗者實無出于水火之利也故火器有陸用水用戰用守用伏用之不同火製有飛火烈火法火毒火神火

之各異其勢在火其機在器孫子謂月在箕壁翼軫爲風起之日固亦無可據驗能乘天燥復得地機發其上風火具必務神巧始可稱善用火戰者矣若只拘以孫子五火四宿未可謂其得火之用也火之最難其法者在種火走線如地雷埋地數尺遠廣數里水雷入水丈餘沈伏港汊但藥線入土卽溯入水卽爛又烏能旬日數月之不溼耶火機一動而卽發之耶況竹筒油蠟之類恐不能擋水此非巧過李載者不得其秘也其燒積蟠營銳箭打砲不過是遲速便滯宜與不宜巧法手法耳何足道哉所以善製火者有不傳之秘善用火者有心得之巧凡火發于內則早應之於外萬一火發于外者又當隨時應之無待于內發也火發而敵不動者必有

持也或空營也宜少待勿攻看其火勢內外極盛亂則從之靜則自避如我入敵境偶經翁蔚之所又在燥時且值暮矣必先剷去營前叢茂設若燔我上風當令我軍寂然不動亦以火燒營前之草使兩火相遇草盡火滅彼見火發而我軍安靜疑不敢進懼而必驚驚而必退急令毒弩神器按點伏于必由之路授以密號入而角起鼓譟亂擊使敵莫知所逃是謂以敵火而反其敵用者也

夜戰

夜戰之法或伏或邀或聚或散發號即行起砲便戰金之而止鼓之而進掌箇隊分哨各陣變務于精少必得鄉道蓋以火鼓亂敵部伍一徐一疾動靜安機敵莫知我之去處亦莫

識我之分移敵如靜固故致其癡敵將亂躁直入不疑凡夜以車爲壁以步爲守以騎爲候籌箭暗支燈炬有製須素令各卒熟認本營隊伍字號設或進退合分忽然舉火則辨別明如白晝錯誤者斬之須慮大風暴雨忽作故陣於爽塏以防水衝急出候騎嚴備掩襲及觀道路險易之情敵人必走之徑若與對壘或去營百步每燃火數堆暗地可見敵之向往風雨則以松節纜把爲之設欲遷移預立空營數處營外各有伏也大抵夜營宜靜在智者必息火鼓及所備防之策又無慮不周匝且古之名將驍雄每務夜擊謂其銳寡可以破堅衆疑伏足以懾方張所以用兵之妙妙在夜戰然夜戰之卒非亡命不可也非神術不可也非積盜不可也非強梁

無賴不可也將非驍悍不可也非果敢不可也非變通不可也非絕技潑勝不可也能識是機握是竅敵之勇也無所恃其勇敵之固也無所恃其固敵之衆也無所恃其衆風亦可進雨亦可馳冥亦無碍晦亦自宜其制勝也必使敵之無以逆料抑使敵之無所不疑

山林澤谷之戰

孫子曰處山之軍絕山依谷視生處高無登戰隆又曰養生處實軍無百疾大抵好高而惡下貴陽而賤陰也所以山戰宜居高阜近水草通糧道據形勢以便擊刺故山上之戰不仰其高焉凡屯于高山而四面受敵者為戰墮則為敵所棲矣屯于中窊而四面山高者為天井則為敵所困矣在智者

固不爲人所觸栖亦不爲敵所圍困前後險峻山水深大之處爲絕澗周圍險阻急難過出者爲天牢草木蒙密不便驅馳者爲天羅泥途坑阱車騎陷沒者爲天陷兩山相夾澗道迴狹一人守之萬夫難越者爲天隙行軍遇此必亟去而遠敵若遭之相機絕擊兩山夾近者爲隘形我若先居必須塞滿隘口作陣列勢以待若敵先盈塞陣而待我不可從之如隘處未盈行列未就急擊勿疑太公有林戰之法以弓弩爲表戟楯爲裏矛戟相與爲伍樹木疎處戟車居前以騎爲輔更戰更息各按其部 臣謂林戰則車戰必爲困矣矛戟又何能施之必須速譟出入各舊短兵斬木開道便利我行毒弩烈火迭進互更審向察道妙在晦冥左右前後遠索敵情半

伏半擊擒猝勝凌敵避有見莫得我形故林戰與叢戰相侔其利害相半也軍絕以為嵩遊衍或遇之勝在人耳晝益旌旗夜益笳鼓無畏其彈必慮其火法曰處斥澤之軍惟絕斥澤亟去無留若交軍于斥澤之中必依水草而背衆樹臣謂若交兵于斥澤則勝負未可為也莫如翼出號騎展開道衝整陣結伍且戰且行必謹遊徼以備敵情敵若強衆急據高阜兩軍角之必有利路其堅金環龜之設未可即處地狹山高左右壁陡峯與敵遇兩不使走故彼不能來我不得往吳起謂之谷戰雖衆不能用也須巧設伏奇利在急出邀我輕足之卒以登高陵必死之士以開前徑或分車步四傍伏定敵必堅守營寨不敢輕為進止乃急出旌旛移營各外半隱

半出更番挑之且擊且擠繼以驍騎列強弩而衝接短兵而
鬬 臣謂行軍而值山林澤谷險阻是爲伏奸之地控制之所
須疾過無緩設或陡然遇敵必觀其治亂而擊之也如不可
擊只能謹我部伍齊我進退敵便不能爲我亂耳兵法以處
陸之軍右當背乎高阜死地當在軍前生地當在軍後然亦
有故謂死地了軍後者又曰坵陵隄防必處其陽而右背之
是太鑿矣惟善兵者自不拘執何也蓋精銳之兵勢不可禦
其鎮靜如山林其流利如江漢其威烈如雷霆雖歷羊腸過
鋸齒緣高山入深谷洗大澤渡重淵而亦必不敗者則人人
無不騰凌張膽一絕乎艱虞堂堂然決戰而去所謂致之死
地亦勝也致之險地亦勝也致之陷地亦勝也不能用兵者

雖處生地亦必死之雖處安地亦必危之雖處勝地亦必敗之何也人事不齊之致耳故曰天時不如地利地利不如人和惟能盡諸人事者自得地利之用是合天時之宜

風雨雪霧之戰

風雨雪霧之際最難用兵此智者之所深畏而勇之者所怯出也唯能握其機而善克其事者又在此際爲必勝何也疾風驟雨之時人皆謂我不能戰大雪重霧之際人皆謂我不能攻其備自弛其心必懈若乃克其事握其機斟酌以致勝之畧鬪闘以必勝之權懸千黃金萬戶爵而復信之以必死之形而故置之以必死之地所以率衆寡而衆寡用命馳強弱而強弱一心赴必死而必死無畏自是一當百也以一當

百則無不可勝者矣但今之時將無能致此術耳人言咸繼
光能之臣每究其浙閫用兵方畧不過稍識其毫末若謂其
能集古名將之大成應機宜以不測則臣未敢以心許之也
所謂用兵之勢如轉圜決勝之機如發弩謂圜者無一定之
方弩者有抹電之迅然又不可無一定之主抑未可以必迅
爲之機實在智者隨時變化應命于不窮也如營陣定而兩
不止馬沒蹄車陷軸步蹶躃滯進退妨馳逐此士卒之災也
其死生呼吸係乎能將是以安營必得高燥先濬水渠必守
界道者正防有此方進戰而當地險又值怪風陡作霪雨如
傾飛沙障天怒霆奪魄此鬭戰之災也其要時勝敗務在得
機故風順當縱火驟進乘勢搗之風逆須劄定陣基以待迫

我嚴令固壘止衆勿進此亦用寡之時也俟天變少間審勢相機敵若備嚴謹守勿出如我治彼亂以輕銳撓之而大陣不得妄動也敵或順勢迫我須令驍騎先馳徑道從夜焚毀其積聚撲殺其老幼敵見根本有失勢必退崩取亂擊之此其大概也如山寇海夷并中國之盜慣在颶風忽作淫雨不止亟霧不開大雪深厚之際爲得志何也蓋南軍守以木寨戰以散卒陣無營車出無候騎以脆弱步兵遇此天變自顧且不暇何能遏守險阻設若備禦少疎寇必乘疎掩懈猿扳蟻附而入焉況道路素知入即得志不已也胡馬之來關鄙重隔而聲息先聞一當雨雪不便長驅猶易爲防戒耳惟大風重霧亦其乘勢伏昧折檣奪險時也善守者自宜識之然

亦有因其時反其勢以致勝者故曰能握其機而善克其事者又在此際爲必勝耳

陣紀卷四

皇清嘉慶十有五年歲在上章敦牂余月昭文張海鵬校梓

兵法百戰經全卷

淮陰王鳴鶴 編訂

古吳何仲叔 叅輯

地利總說

王鳴鶴曰我先知勝地則敵不能以制我敵先居勝地則我不能以制敵若擇地頡兵不能趨利避害是驅百萬之衆而

自投死所非天之災將之過也兵法曰
地形者兵之助也料敵之極計掰險阨
遠近上下者將之道也孫武論之曰九
變之地屈伸之利人情之理不可不察
故兵之情圍則禦之不得已則鬭過則
從是故不知諸侯之謀者不能預交不
知山林險阻沮澤之形者不能行軍也

燒財物非惡貨之多棄財致死者不得已也若有財貨恐士卒顧戀有苟生之心無必死之志者也令發之日士卒坐者涕沾襟寢者涕交頤皆持必死之計將士皆有以死為約未戰之日先令曰今日之事在此一舉若不用命身膏草野為禽獸所食耳投之無往者劌之勇也兵法曰入人之地深而背城邑多者為重地難返之地入人之境已深過人之城邑多津梁皆有所恃也重地吾將繼其食是

故重地則掠所入既深糧道不無斷絕須掠人儲積給我軍用

吳子問孫武曰吾引兵深入重地多所踰越糧道絕塞設伏歸還勢不可過欲失於敵持兵不失則如之何孫武曰凡居重地士卒輕勇轉輸不通則掠以繼食所得粟帛皆貢於上多者有賞士卒無歸意若欲還出即為戒備深溝高壘

示敵且久敵疑通途私除要害之道乃令輕車啣枚而行以牛馬為餌敵人若出鳴鼓隨之陰伏吾士與之中期內外相應其敗可知

圮地

圮地少固之地不可以為城壘溝池宜速去之兵法曰行山林險阻沮澤難行之

道者為圮地圮地吾將進其塗是故圮地則行疾去無積留

昔吳子問孫武曰吾入圮地山川險阻難從之道行久卒勞敵在吾前而伏吾後營吾左而守吾右良車驍騎要吾隘道則如之何孫武曰先進輕車去敵十里與敵相候接斯險阻或分而左或分

而右示之必死令自奮不活者為塡井毀竈焚糧毀貨者是也

是故死地則戰此地速為死戰則生

昔吳子問孫武曰吾師出境軍于敵人之地敵人大至圍吾數重欲突以出四塞不通欲勵士激衆使人投命潰圍則如之何孫武曰深溝高壘示為守備安靜勿動以隱吾能告令三軍示不得已

殺牛燔車以享吾士燒盡糧食填毀井竈割髮損冠絕去生慮將無餘謀士有死志於是砥甲礪刃并氣一力或投而旁震鼓疾譟敵人亦懼莫之所當銳卒分行乘擊其後此是失道而求生故曰困而不謀者危窮而不戰者亡吳子又問曰若欲圖敵則如之何孫武曰山峻

谷險難以踰越謂之窮寇擊之之法伏
卒隱處開其去道示其走路求生透出
必無鬪意固而擊之雖衆必敗兵法又
曰若敵人在死地士卒勇氣欲擊之法
順而勿抗陰守其隙則必開去道以精
騎分塞要路輕兵進而誘之陣而勿戰
敗謀之法也

通形

通形者可以先先之以待敵兵法曰我可以往彼可以來曰通通者四達之地須先居高陽之處不使敵先佇而我後至也利糧道者每於要衝築壘城或作通道以護之兩通往來處高陽候望向陽示生糧道便于轉運利于戰

通地先居高陽利糧道以戰則勝兵

法曰寧致人無致於人

挂形

挂形者出不勝返亦難也兵法曰我可以往難以退曰挂挂者險阻之地與敵地相錯動有挂礙也往攻敵敵若無備攻之必勝則雖與敵險阻相錯敵人已敗不能邀我歸路矣若我能往而敵人有

備則不能勝必為敵人守險邀我歸路
難以返矣

挂地不得已陷於此須為持久之計
掠取敵人之糧以伺利便而擊之也

支形

支形者險隘可以相要截故支持不利先
出也兵法曰我出而不利彼出而不利

曰支支者如我與敵人各守高險中有平地狹而且長出軍則不能成陣攻敵則自守禦如此之類皆彼我不利宜堂堂引去伏兵待之敵若躡我候其半出險中發伏擊之則無不利若敵先去以誘我義不可出也

支地敵雖邀我我無出也引而去之

候敵半出而擊之利

隘形

隘形者敵先守隘我去之若無守我從之兵法曰我先居之必盈之以待敵若敵先居之盈而勿從下盈而從之曰隘隘者言遇兩山之間中有通谷則雖當山口為營與兩山口齊如水之在器與口

進賊不敢犯近聞官軍過安亭鳥驚魚散無復隊伍將士相離遠者數里賊若掩襲邀擊將可擒也茲豈所謂行如戰耶趙充國渡湟使壯士啣枚先渡立營已定引軍潛濟慎密如此是以羌零之輕狡不減倭夷而終萬全去年出劉家河者輕卒赴敵被賊伏兵自蘆葦小港

中突出衝斷首尾我兵大敗而將僅以身免兹豈所謂戰如守耶自此一敗賊益輕我為害愈熾葢既不能用奇而又自棄其正是以百戰百敗所向喪氣甚非長算也今欲習用正兵先須定什伍之法自五人為伍以上遞相連屬以至于將皆如身臂相使首尾相應雖極倉

卒只須百人其差次先以強力疾足負重能走者三千人次能射遠趨二百里者三千人次能命中者四千人次能射遠者四千人次壯徒輕勇能格鬬者一萬人總二萬四千人將校並在內為馬步戰兵之數也其所由曹司車御火長收人工匠別計七千五百人此合兵之

大率也過與不及此數者約而損益之

選能

夫總兵之任務搜拔眾材以助觀聽以資籌略春秋戰國之際雖雞鳴狗盜之士無不延見庭養以為已用其藏器草萊奮迹麾下者蓋不乏矣故大將有受任則與副佐講求人材有異能者無問勢

熟者與有力而生者為中等力怯打遲
緩待敵者為下等
試射不專止于中鵠能扯硬弓發大矢去，
平而遠多中深入此起等射手不可以
尋常待也射得不遠而平開硬弓發重
箭能中者二等也射遠而不平箭軟弓
軟多中者三等也。倭虜之箭射皆不遠

盖箭重故也箭重而中人深倭箭一鏃後鐵信長八九寸一尺者所以入人深也然靶須官尺八十步遠為式高六尺闊二尺每三矢中二矢為熟

試弩以六十步為式靶高五尺闊一尺五寸射弩弓要力大三矢中二矢為善射

試火器以八十步立五尺高二尺闊木牌

三發二中十發七中為精

試鳥銃手先看銃口大小次看鉛子曾否

磨光逐箇秤驗是否正合銃口流入稍

澁用棚杖送下乃合式庶打出有力而

棚杖要堅直妙在頂頭與銃口合直入

到底即如腹圓直矣火門眼以小為式

火藥以燥細急性為式火繩以乾為式

藥管以銃之大小裝藥滿與銃口鉛子分兩不多不少為式什物藥線錫鱉鉛子袋逐一查驗合式每藥令本人手掌內燃五分試其緩急何如銃的必以百步為準及放時須要眼看兩照星如子出不動手火燃不轉頭以多中的者為上打放如式而中少者次之轉頭擺手

者俱不中試
按象數之學天地造化之精微人物理
氣之終始也烏容宣洩哉故仙言丹
成而魔來史紀字作而鬼泣彼幼異
之術文字之迹且然況上通帝載而
下括萬類之書乎宜其傳之不易易
也夫龍圖龜書出於羲禹彖緯理數

肇自唐虞皆中華古聖帝之垂教於天下萬世者也世傳有三式之數謂太乙遁乙干亦前知也奇門遁其甲亦逃藏也六壬遁干與支象人事之變遷也為將者不知太乙奇門六壬不可應敵而取勝也

世之為將者貴有將才尤貴有將德必以

其所得形狀或聚糧爲山谷巢穴或圖繪形勢開覘衆軍所從道徑往來曲直皆昭然可曉然後刻期分路而進蓋非平日厚養死士方能有如此之設施若平日無備一時焉能使之赴湯蹈火之地耶然用之出征異地尤爲緊要第一著司兵者識之

兩翼遊兵

大軍未進威武先張其在遊兵之法歟必左右各立頭隊二隊各統以驍將為之張兩翼而前驅之一可哨探敵兵之至止一可搜羅敵兵之有無埋伏一可猝然遇敵夾我大軍而飛擊也如頭隊前去遊巡則一隊翼我左右而行頭隊至

一隊內賞多罰少隊長紅頂籤一枝賞
少罰多隊長黑頂籤一枝隊長通赴中
軍官處報名納籤中軍官以紅頂籤者
登記一簿黑頂籤者登記一簿候主將
發放各兵已完各籤足數隨即繳回以
便再給賞罰通完將簿二冊呈上聽主
將以紅籤隊長逐名行賞黑籤隊長逐

名行罰仍查一旗內如隊長賞多罰少仍賞旗總賞少罰多仍罰旗總又一哨內如旗總賞多罰少仍賞哨官賞少罰多仍罰哨官又一總內如哨官賞多罰少仍賞把總賞少罰多仍罰把總上下連坐不惟以示鼓舞激勸而各官頭目平時勢不容不教各兵也

凡吶喊所以壯軍威有不齊者巡視旗拿
來治以軍法
凡什物器械須刻名隊裝油在上以便考
查及疎失矣
凡在場各官兵看中軍豎藍旗一面則狼
筅手聽此蓋狼筅之功在竹僞木故舉
藍旗以應之豎黃旗則圓牌長牌手聽

此葢牌臯禦故舉黃旗以應之豎白旗
則長鎗手聽此葢長鎗之用在刃屬金
故舉白旗以應之豎黑旗則钂鈀短兵
聽此葢短兵勢險節短如水之激故舉
黑旗以應之豎紅旗則銃砲火器弓弩
手聽此葢神器屬火而弓矢皆前行之
器故舉紅旗以應之此較藝之號旗也

火攻藥法

砲火藥

硝火十兩　硫火六兩　箬灰二兩　葫蘆灰三兩

石黄一兩

水火藥

硝淨三十斤　黄淨二十斤　蠱[illegible]二斤　子脂三兩

白信半斤　茄霜一斤　礦子石灰一斗為極細麪

川烏　草烏各二斤
用燒酒十五碗臘醋十五碗煮二烏熬
去一碗去渣將前酒醋熬成膏子同前
七味和膏一處慢火炒乾仍研極細仍
入鍋炒成灰冷定手試隨縫而出方可
成或做紙砲或做煙火花筒俱於中間
做小筒盛火藥小筒週遭將毒煙藥築

滿照常紙砲點放又曰先天風火藥時

蓬殺為主先天水火藥江豚油為主

火種

不灰木一斤 鐵衣三兩 炭末三兩 麸皮三兩

紅棗肉六兩

略拌米泔為餅每兩管一月

火信

火器二百六十餘種皆有裨於實用者有戰器有埋器有攻器有守器有陸器有水器而種類不同在用之合宜然無有不勝也其戰器利於輕捷則兵不疲力而銳氣常銃（輕捷則利於擊刺便乎下持）其攻器利於機巧則兵可奮勇而移動不常（機巧則便於攻打而兵可移）其埋器利於爆擊易碎也

騎射

王鳴鶴曰武塲中騎射以一矢挂弦二矢握如弓把者為便捷若臨敵時必須矢揷腰間務足三十餘枝必挽　於後手以便馳驅

馬箭總訣

勢如追風　目如流電　滿開弓　急

放箭　目勿瞬現　身勿倨坐　出弓如懷中吐月　平箭如弦上懸衡

馬箭訣歌

要好馬箭先扒鞍　左右上下手莫攀

上下用手不用脚　工到身子自然

觀馬箭神氣

縱彎眉觀道發馬面微仰故曰眉觀道也面不仰腰曷能折

開弓鼻認毬

馬銜出手開弓頭不宜即順須以鼻遙對帽毬旋進旋順然後活動為妙

提韁腰自硬

收馬三把撿扯手擒膽硬腰為妙

虛肚自風流

既撿扯手以小肚碰前鞍轂道貼鞍心自然風流也

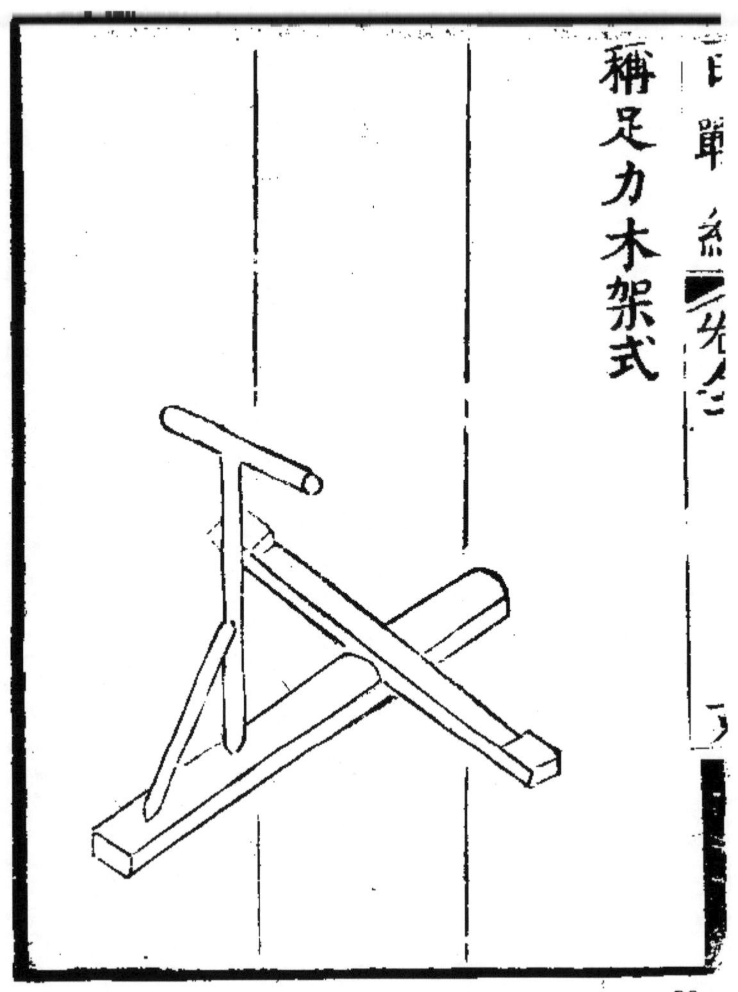

稱足力木架式

稱足力手扶木架式

此入手稱兩足力許其手扶木架捭腰下襠

稱足力撒手式

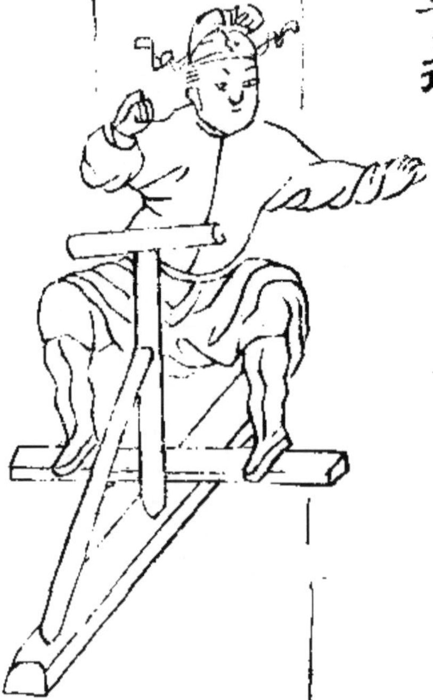

此取兩足之力左右均勻也如左右足力不勻必致偏墜

圓木半破圓貼地上去站箇騎馬式

此勢取足掌足跟前後之力均勻也如前後足力不勻站上必致前仰後翻

以手據鞍不許登鐙右躍馬式

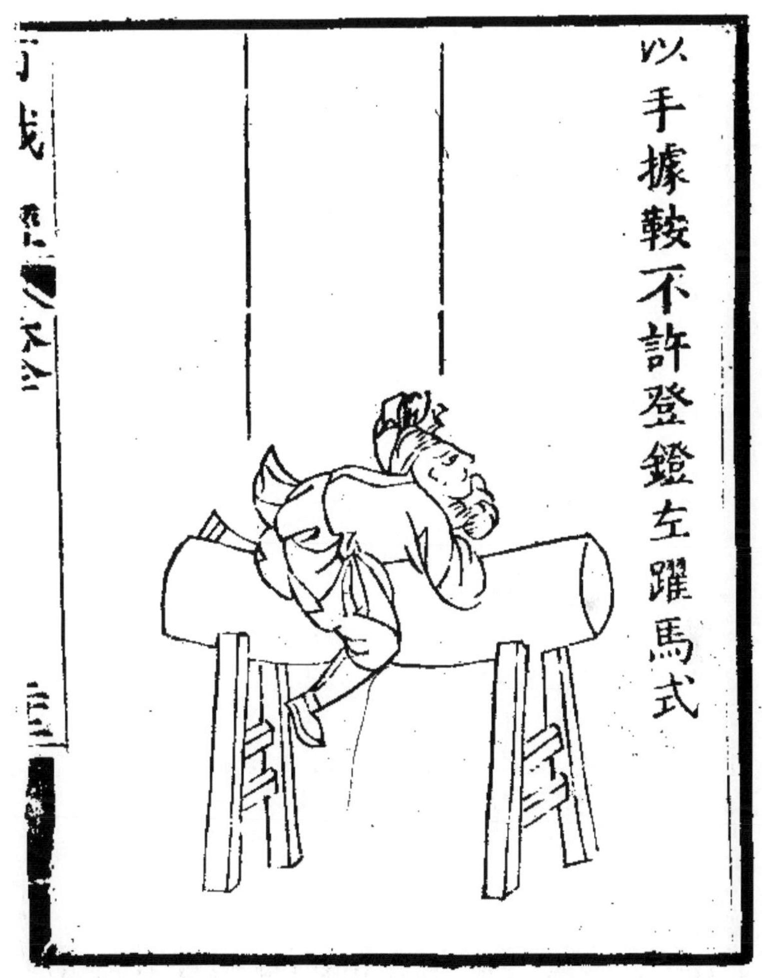
以手據鞍不許登鐙左躍馬式

以足登鐙不許攀援右上馬式

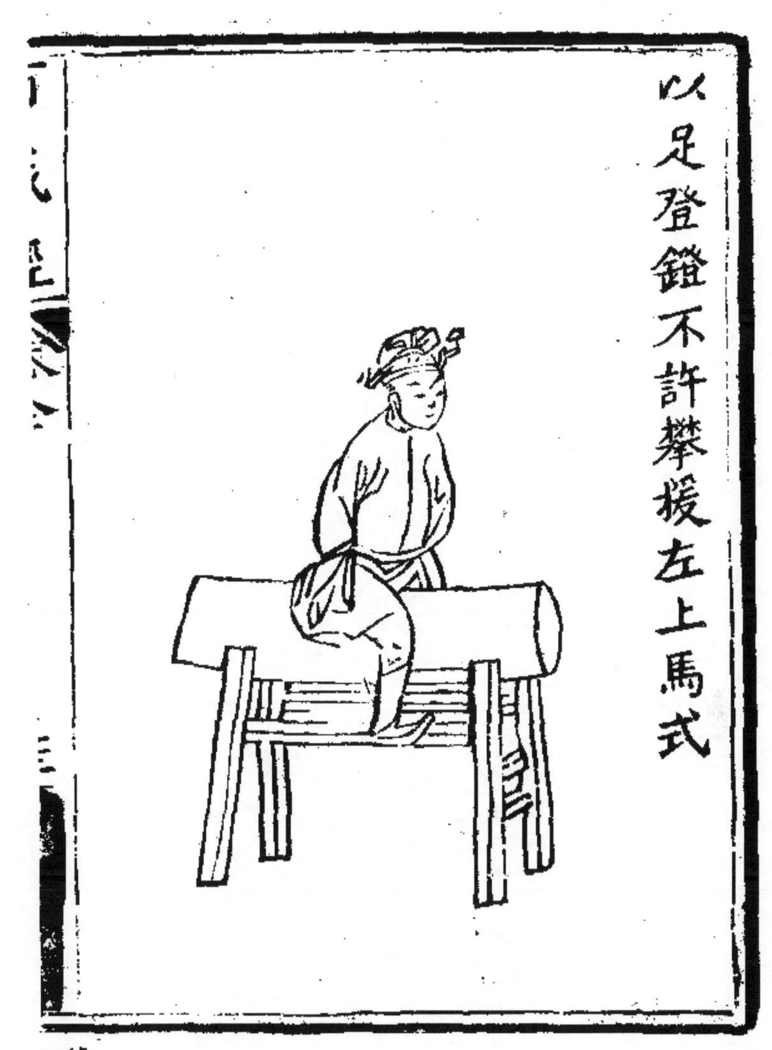
以足登鐙不許攀援左上馬式

馬箭式

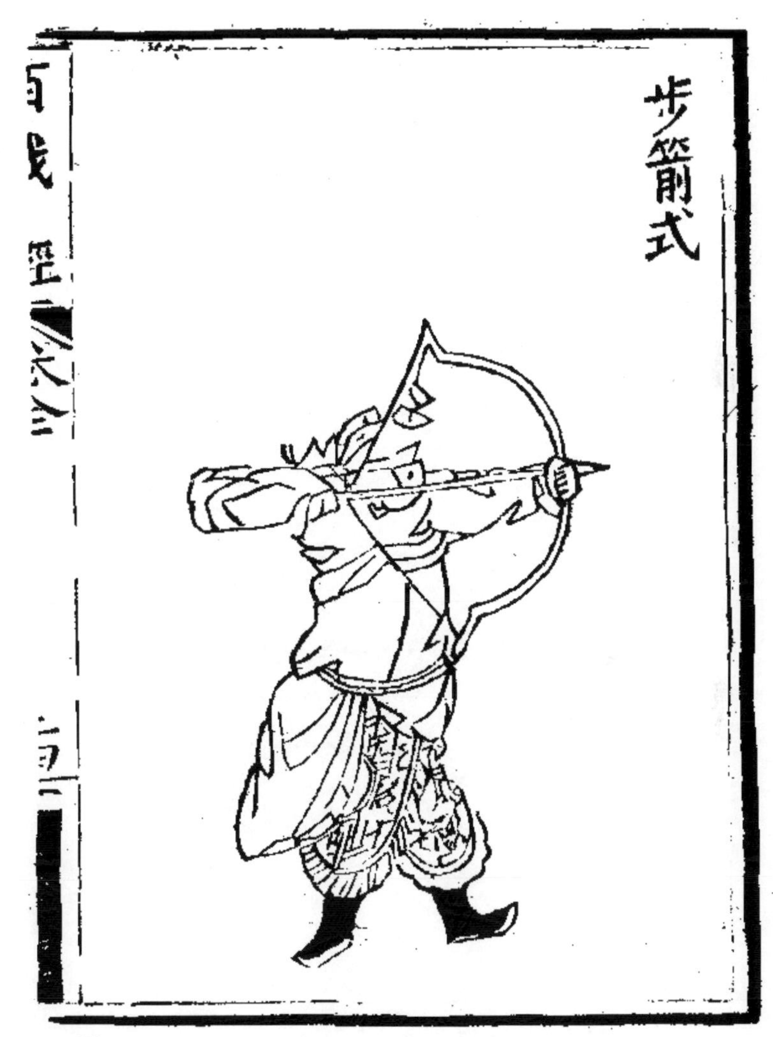
步箭式
百戰經…卷…
…

側身式

對蹬式

抹鞦式

握奇虛實圖

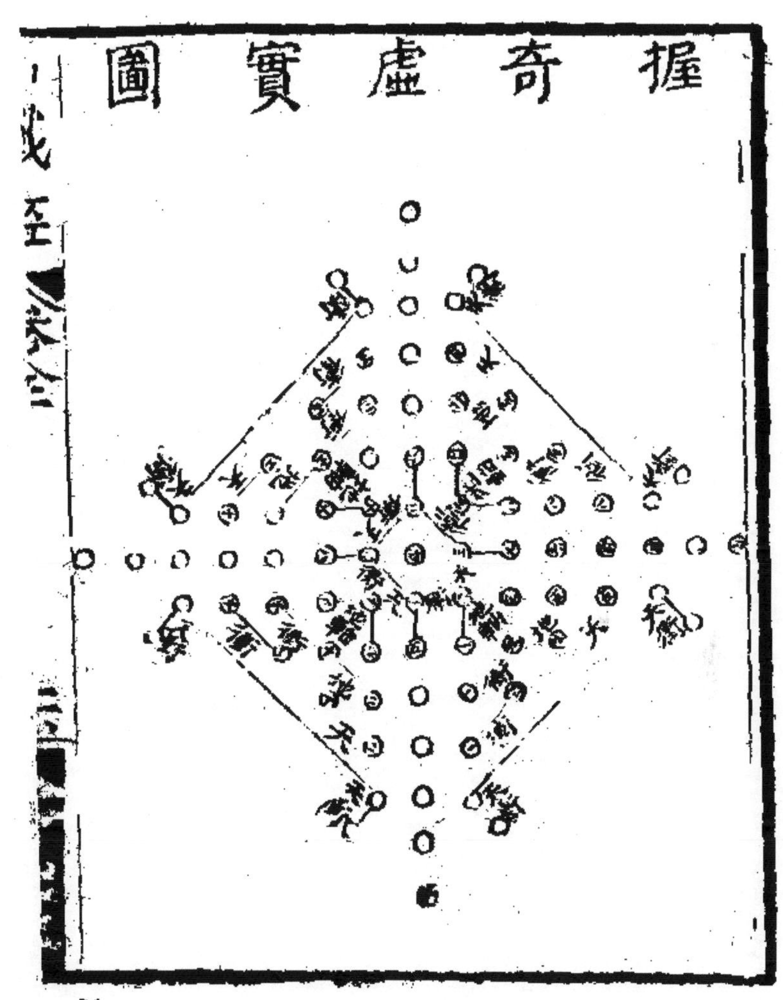

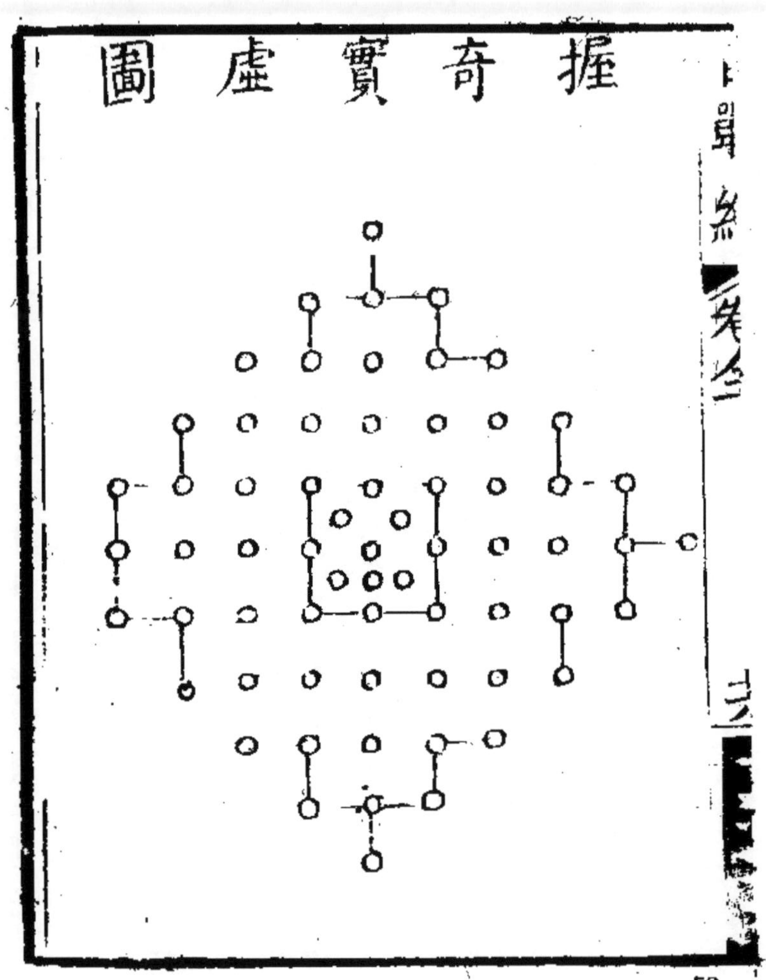
握奇實虛圖

安營機要

程子曰兵陳須先立定家計蓋言營也止則為營行則為陣言營陣者同制耳兵法曰陣間容陣謂陣伍布列有廣狹之制欲其回轉離合無相奪倫營中有營謂部分次序有疏密之法欲其左右救援不相紊亂卒有外

寇侵軼皆竪整全備莫得而動也苟非規模素定其孰能與於斯乎營壘之制有廣狹有方圓有疎密有盤環屈曲規形勢之便宜因山澤之險易務在適將利用而已魏武侯問三軍進止之道於吳起起對以無當天竈無當龍頭此第舉其大槩而近世所

傳則詳矣如篇中所輯營壘規制器用法令俱有成效覽者可深長思也抑予又有說焉周亞夫軍細柳雖夫子亦不得入何其肅耶文帝且以真將軍稱之而謂棘門灞上為兒戲由此觀之規制法令乃一時制馭之術

王鳴鶴曰張軍宿野必有營壘營者三軍

之家也止而無營猶人之居無屋宇墻塹一旦盜賊竊發何以押禦耶止而為營置之安則安置之危則危不動如山難知如陰而敵不得以撓我矣昔司馬懿觀武侯營壘處所歎為天下奇才美其法制精妙也衛青出塞以武剛自環（蓋今之車營也）充國屯田則校聯不絕（蓋今之木柵營）

形勢無以據險非米粟無以飽士非器械無以奮威非賞罰無以勵衆非救援無以懼敵五者闕一不可而上下相親人和為要兵法曰無恃其不攻恃吾有所不可攻不可攻者人和是巳田單守即墨拊循士卒若其赤子一以計勝而反齊七十餘城當時此五者未必足恃

而斯恃者獨此民也今之論守者不可不廣儲其說而圖其器式以足前人所未備無事憂爲有事之防或庶少補萬一云

兵法百戰經全卷終

兵法百戰經下卷

淮陰王鳴鶴 編訂

古吳何仲叔 叅輯

是輯酌古宜今滙集諸家之精粹誠兵法之大成以為衛民之一助也

軍誓

兵法曰夏后氏誓衆於軍中欲人先成其

慮也商人誓衆於軍門之外欲人先意
以待事也周人將交刃而誓之以致人
意故書之所記三代令王出兵伐罪必
立誓命之文所以申飭有衆堅整士心
為戰陣之首也今之出師凡將發及戰
主帥當親臨士衆明布誓言使在下無
不聞者感激衆志然後行也誓曰大將

某官告爾三軍將校士卒整爾衆庶謹聽予命令今戎夷不賓侵敗王畧撓我邊陲害我穡事毒流於疲民皇帝授我斧鉞肅將天誅爾尚一乃心力殄乃戈矛共殲大憝有進死而榮無退生而辱用命有厚賞不用命不顯戮勉哉爾衆服勤王事毋干典刑以誓之大意也主兵者臨時為納以

誓軍

定惑

夫萬衆之聚事變不一起爲譁亂不可不慮或士卒未信下輕其上或妖異數起衆情生畏主將當修德改令繕礪鋒甲勤誡誓衆以祇天誠復擇吉時具牲牢盛饌震鼓鐸之音以祭牙旗精意虔請

以觀祥應若人馬喜曜旌旗皆前指高陵金鐸之音揚以清鞞鼓之音宛以鳴此得神靈之助當示衆以安其心否則矯說善祥而布之於下乃可定也雖云任賢使能則不吉而事利令明法審則不筮而計成然而智者以權佐政古稱有五助焉一曰助謀二曰助勢三曰助

怯四曰助疑五曰助地兵家之機不可
不察也

符契

符契之設尚矣周武王問欲引兵深入諸
侯之地三軍卒有緩急利害吾將以近
通遠從中應外以給三軍之用奈何太
公曰主與將有陰符凡八等也

鄉導

經曰不用鄉導者不能得地利管子曰主兵者審知地圖然後可以行軍襲邑蓋入人之境者我孤軍以進彼密嚴而待渡險則有發伏之慮也

金鏡捷法淘金歌

太乙廿四除積數一宮遲留在三辰陽從

一上行隨順陰向九宮逆去輪十八除之
從政德乾坤重榮天目神寅奇申偶皆行
逆此是計神所在辰計加和德文昌下客
目至此可容身主客之榮從宮數太乙宮
後數其真正宮還依宮數數間神一數就
宮神合神加支文昌下定計還須從此輪
就從定計起計榮踰過太乙一宮陳大將

就隨零數立桊將還須因三因七十二局
皆從此傳與智士仔細尋

年局起例以百十零為主不除滿過三百六十即除之

歲積既成求六紀三百六十累除之除之
不滿起五元每元七十二局擬甲丙戊庚
壬為元入紀入元從此舉元局既成求太
乙三年一宮順八極不入中五起自乾二

十四年一周易

發明 置上元甲子至萬歷戊子積得一千零一十五萬五千五百零五筭捷得祖數一百九十三萬八千一百四十五筭此數筭大遊不用 陽九百六亦不用以大周法三百六十除之餘二百六十五筭又除四紀二百四十餘二十五筭一甲子位十上甲戌

位二十一甲申位二十二乙酉位二十三丙戌位二十四丁亥位二十五戊子位仍還二百六十五策以元法除之甲子元除去七十二丙子元除去七十二戊子元除去七十二止餘四千九策則知萬歷戊子歲即庚子元四十九局也

發明

月局起例 起策即加天正地正二策

月計之法歲計同太乙三月移一宮先佈積年減一策月實乘之十二中三百六十除不盡加二添月理自通

發明 置所求積年先減一策以十二乘之得月實以大周法三百六十除之不盡餘策即所求之月以六十除入紀七十二除入局三百六十除不盡之餘策再

加二策又以本年幾月加幾策共餘若
干策所謂加二添月者此也甲子甲午
一紀己亥己巳二紀甲戌甲辰三紀己
酉己卯四紀甲申甲寅五紀己未己丑
六紀甲子甲午六年甲子元七十二局
庚子庚午六年丙子元七十二局丙子
丙午六年戊子元七十二局壬子壬午

六年庚子元七十二局戊子戊午六年

壬子元七十二局

日局起例

日計之法月計求月實數得便為頭閏法三十二分外五十七秒歸除周除得閏數加月實日平會法仔細搜搜布二十九日桀五十三秒空六休日平月實相乘了日

計積數此傳流

〔發明〕置積年月實以閏法三十二分五十七秒歸除之得閏月若干加於月實以日平會法二十九日五十三分空六秒乘之得日以大周法除之不盡以紀法求日元法取局若求七元禽星以二十八除之餘策即日宿之在可知也弘治

元年戊申歲截策得祖數二百一十三

策一大周之上元甲子也夏至用退而成逐年一進

一退逢閏重退進用已往二十四月之

數退用已往小盡之數一大周之上元甲子也冬至

假如今年元旦日辰退歷去年元旦之

後則用退明年元旦日辰進歷今年元

旦日辰之前則用進退不過五六進不

過二十四一定之數也先以紀法求日次以元法取局而與歲計皆同

時局起例

時計定於二至中若逢甲子便為宗一日須下十二時當日用時數幾終花甲六十除積數二十四數除行宮一法五日為一紀五六三旬六紀終冬至節後用陽遁夏

至陰遁局不同有土之君明歲計月計須於卿與公日計凡人皆共用將帥運籌時計中

【發明】置日積減一以十二乘之得若干筭順推未來之時每時加一筭以三百六十除之餘若干筭即得所入元局之數與月局同但不加天地二筭歲計以查

國家運數災祥夷夏動靜君后之用月計公卿以辨存亡助燮理明災祥日計庶人共用以度人間禍福長幼興衰正三綱而備五常時計將帥用之以明主客勝負其法以二至甲子為首至用日時共若干筭以周天除之不盡以紀法求用時以元法求局冬至後用陽遁夏

至後用陰遁陽遁用陽局陰遁用陰局

太乙起例

法曰太乙起自乾一宮三歲順推遷數一至九不入五餘棄即為本宮纏

發明 置上元甲子至所求積年以三六大小周法除之不盡滿三百六十以行宮一週二十四除之不滿二十四以一宮

二者所謂因者也逆水之用也則為崇隄以障其下注溢於內然後引之以灌所謂逆者也賊水之用也敵之所賴者水我當潛以水攻審地理陰為畎澮導之他處竭敵所賴所謂賊者也絕水之用也或以薪衣上以石實舟沉之於上別為長渠泄之或為沙囊於上流以壅

其水欲水行則決囊所謂絕者也葢用水之道有其地沠所用而用反為所害順則利矣

測水平器

水平者木槽長二尺四寸兩頭及中間鑿為三池池橫闊一寸八分縱闊一寸三分深一寸二分池間相去一尺五寸間

有通水渠闊二分深一寸三分三池各置浮木木闊狹微小於池箱厚三分上建立齒高八分闊一寸七分厚一分槽不轉為關腳高下與眼等以水注之三池浮木齊起眇目視之三齒齊平則為天下準或十步或一里乃至數十里目力所及置照版度竿亦以白繩計其尺

寸則高下丈尺分寸可知此謂之水平

也

照版形如方扇長四尺下二尺黑上二

尺白闊三尺柄長一尺可握

度竿長二丈刻作二百寸二千分每寸

內小刻其分隨其分向遠近高下其竿

以照版映之眇目視三浮木齒及照版

軍船上示兵知之次日早掌號官先於
船上五更吹長聲喇叭一盪各兵起收
拾做飯約中軍船炊熟吹第二盪喇叭
各兵食飯吹第三盪喇叭各官捕帶兵
先登岸赴水寨照圖擺立

一營擺圖

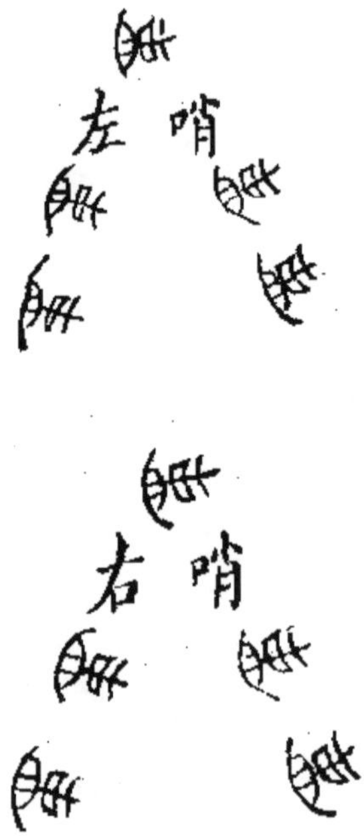

左哨

右哨

分鬬二營擺圖

右哨 前營 左哨

右哨 後營 左哨

以上擺船之說大端海濤汹湧港有灣曲闊狹當風隱風之不同隨港形深淺難拘一定之勢此言處寬廻水善之形耳設使狹如羊腸則又當單隻一字順下不可拘方也

俟水寨演熟部伍然後照前法以操兵船

俟泊處闊港潮平依法操於舟如其闊

港狹曲風潮不可操大舟者以小船摘甲長每甲摘兵一半用小船三板操其形狀之略

水軍營法

水軍營用船不拘其數大船落篷排列四面內藏甲士火器如在江中下鐵猫若在海則下木碇留四門各船須要易放

易發營內左右設快船上站善水勁兵執長槍鈎鐮火弩出敵在相風勢兵力舉之耳

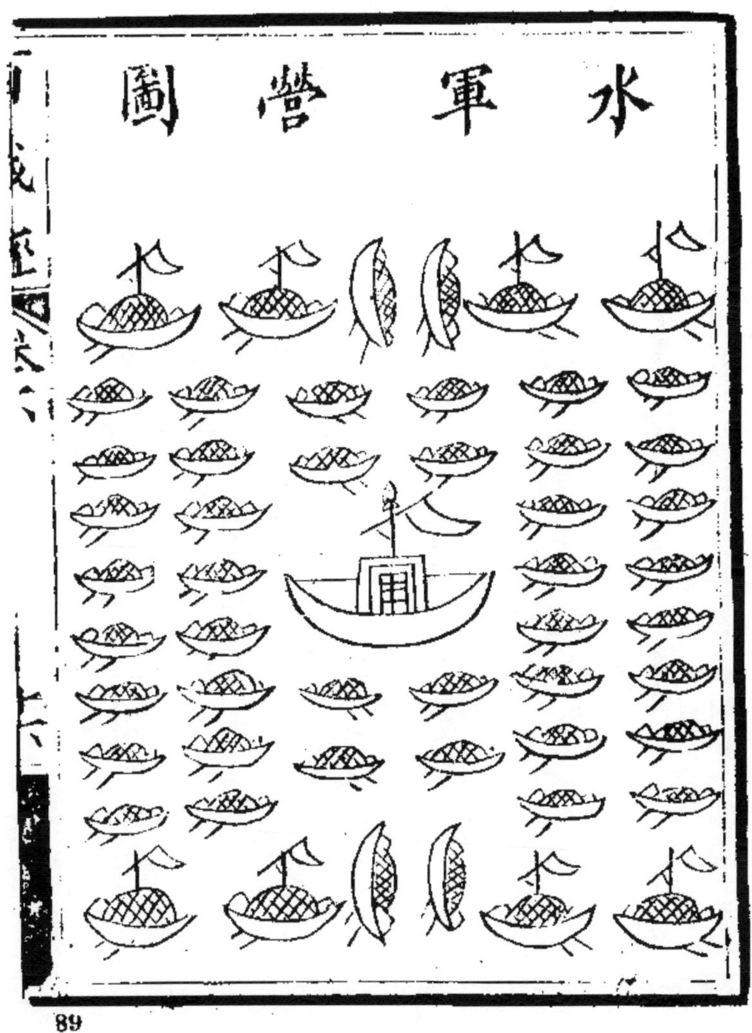
水軍營圖

水軍營圖

右哨 前司 左哨

右哨 中司中軍 左哨

右哨 後司 左哨

兵夫列船

平時在船四面擺五甲總合為一大哨於船四面各甲各器長短相間分方面外而立如遇打賊隨賊所在之面亦留每面二人防看其船頭用銃一架第一甲撥兵四名專管船頭閘板下第二甲撥兵四名專管雨水倉門

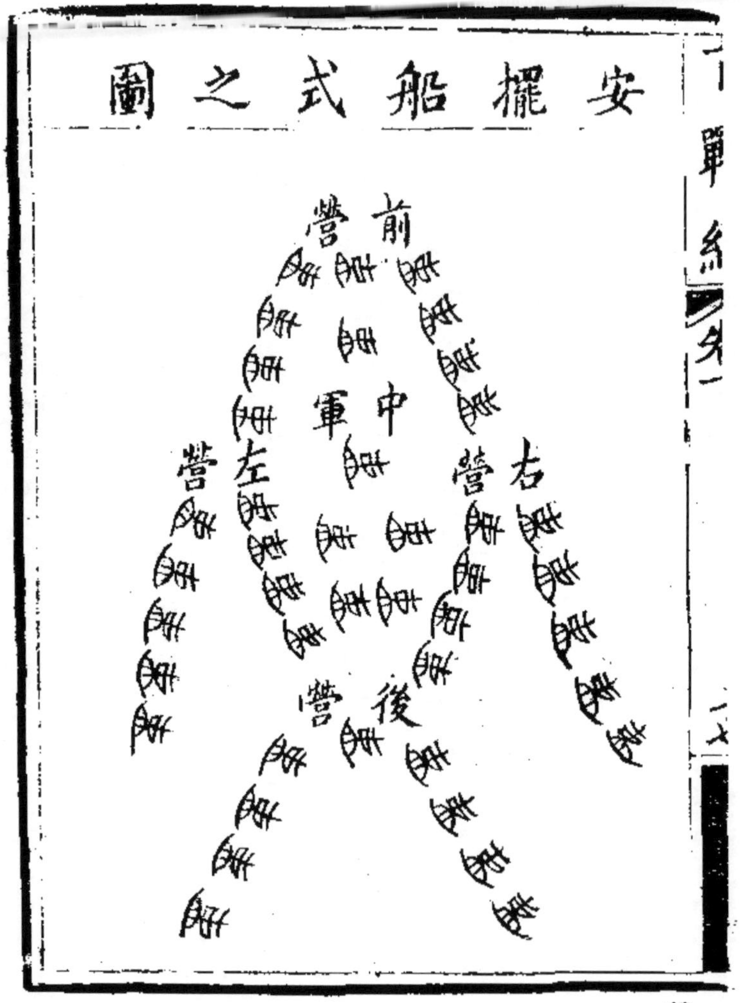
安擺船式之圖
前營
中軍
左營
右營
後營

今合䑸用其制底用廣船式上用福船
面底是涉鯨波而銷氛祲也

百戰經下卷終

校補兵經序

兵經百篇，凡上中下三卷，明諸生廣昌揭暄子宣著。明季有鐫本，清咸豐間有錢塘補刊本，今漸不傳。此本係手抄，余得之舊書肆中。重抄一遍，訂譌補闕，研讀再四，覺其樹義堅卓，析理精微，鑒古而知今，好奇而協正，有爲歷代兵家所未及者。誠能問世臨戎，必於國家整軍經武之道，裨益匪淺，不獨戡亂禦侮，備一時之用而已。

民國二十二年雙十節修水陳无悶謹序

目略

上卷

智部

揣預疊周
謹知間祕

中卷

法部

興任將輯
材能鋒結
取練勵勒
愼較銳種
行移住趨

地利陣竈

野張斂順

發拒撼戰

搏分更延

速牽勾委

饋勝全隱

下卷

術部

天數鬮妄

女文借傳
對壁眼熒
捱混過半
一影空無
際靜閒忘
戚繇自如

目略撮言

智部

踞兵之先，唯機與勢。能識測而後爭乃著。可不精讀兵言以造於巧乎。至於立謀設計，則始而生，繼而變，再而景，自是為轉為活，為疑為誤，無非克敵之法，不得已，乃用揣。總之，預布疊籌，以底乎周謹，而運之行間，按間，反間也。乃能合之以祕也。

法部

軍之興也，唯上善任，唯將輯兵。于材能鋒穎之士，結而馭之，練而勵之，勸而恤之。較閱能否，兵旣饟足，而後可以啓行。追相移住，必得所趨，稔於地利而後可以立陣，能靡，能野，能張，能斂，順而發，拒而摠，而後可以逆戰。及搏則必著於分，更，明於延，速，運乎牽，勾，以追委，鎮，而後可以制勝，然必深圖一全人隱己之術也。

術部

善用兵者，明天數，闢妄說，廣傕其役女 疑有誤 ，通文借傳不惜 不可解 。對敵則蹙，眼，嘍，捱，混，迴，宥用至半，一，影響之中，致機于空，無，陰，靜，化於閒，忘，不示威能，斯爲操縱由己，而底於自如之地也，兵至是乃極。

讀兵書凡例

一、智部者，計謀之事也。法部者，行紀之事也。術部者，推極之事也。撮言以見原委。

一、兵法，從來有傳無經，七子之言，支離破碎，百將之行，各師異智。予乃撰百字以經之，使說說有歸，法以類從，故通上下千古。

一、兵經有用半法而底全功者；有偶合而稱能手者；有既用而用之人與觀之人皆不知所自者；有從古竟未行之者；有因此時而後開；有後世取之而不盡者；須要眼底分引。

一、後世用法，愈生愈變；七書止具二三。且泥古時事。此則補具缺，破其拘，遂成全書。

一、七書所制者皆劣將，此書所制者皆能將，故發論愈深，推法愈遠，不以一着究。

一、兵機有不待說而人知者，形見也。有說而人知者，指實也。有說而人不可知者，隱端也。有說而人知其不可知者，用活也。此說（无闕按疑說下脫書字）其不可知，知其不可知，遂可經久而莫破。

一、百篇皆相貫通；或前看，或後看，或表裏，或對發，或互教，不可拘泥讀。

一、是書雖分門列法，而所說皆屬渾全。不專指一事而言，亦不爲一事立局。間陳數端者，欲人因所指以悟全理耳。

一、是書皆理頭法祖，（无悶按理頭法祖似明時文家習語）包書甚富。故出其隻字片語，皆可爲大部全書，如戰之數百端，練之數十法，在經文則一篇一款，在各種則另爲一書也。（按此經外尚有他作）

一、是書明理達用，眞切膚俚，不復修文飾詞，矜奇選異，特每句摘來，自可徵思。

一、每篇中有警策語，活變語，爲一篇肯綮，學者須探索會悟。

一、篇中有淵深難知者，則標出訓疏，闡敷要理，使讀之朗澈。

一、是書凡有資軍務皆備入；如女，文，言，讀，天，數，等類是也．

一、此書言理，寡言法，如練法，戰法，陣法，火法，射法，地宜，則另有專書也。機不宜洩，法難預擬者，願未可以筆墨從事．

一、一法之中，古人千百奇奇變變以行，苟悉徵紀，亦可生人行法之法．然余今有其經　在古無其事者多，則以俟後世之徵余經，其有者，隨意拈出，指點以訓。

一、註言法者以法言，徵實者以實言，解釋者為釋言，批評者為評言．或申足全機，（原抄本申作甲）或推補一層，或駁出一案，或較酌古語短長，或依文解文，各有別意。

一、徵言，每書名書事，以便讀者察考。

一、點句者，清句也。尖圈者，切語也。圓圈者，論事與法。連圈者，入理法之言也。至雙圈，則警策可爲論題，與一篇精神所注，須分觀。

一、是書善身宜世之術咸備，不獨兵法一端，苟能深悟，則啓口舉足間綽有餘智。

一、百篇所著，法法皆制勝之具，又必經綸能手，因時相機，着彼量己，湊乎一法，而後一法乃投，故學者須求能集材以乘會，毋徒記憶。

兵經百篇 上卷

明廣昌揭暄子宣著

智部

先

兵有先天，有先機，有先手，有先聲。師之所動而使敵謀沮抑，能先聲也。居人己之所並爭，而每早占一籌，能先手也。不倚薄擊決利，而預布其勝謀，能先機也。於無爭止爭，以不戰弭戰，當未然而寢消之，是云先天。先爲最，先天之用尤爲最，能用先者，能運全經矣。

自註：余所謂先天者，凡事具有先天，治亂經危，能眼高一世，先時閑闘做去，輕輕抹撥，遂免後來許多補苴，如司馬光相，遼人戒其邊吏，李崇請改鎮爲州，諸藩可無雄據也。

无悶按：原書每篇后，皆有自註，多徵引史事，以相印證，其言甚辯，閒亦有旁引說部如三國演義之類，稍涉駁雜者。余不揣譾陋，自此節後，擬略加剪裁，以歸雅正。又自註之後，另有評語，玩其語氣，似是著者友人，論旨偏重文學，閒亦雜以佛語，誼力去著者甚遠，亦擬酌量去取。

无悶評：一先也，斷而爲四，可謂心細如髮，發千古兵家之秘矣。著重先天，不外古聖有備無患之意，見解尤高。

機

勢之維繫處爲機，事之轉變處爲機，物之緊切處爲機，時之湊合處爲機。有目前卽是機，轉瞬卽非機者，有乘之卽爲機，失之卽無機者。謀之宜深，藏之宜密，定於識，利於決。

原評：首數語指點人尋機，中數語提醒人乘機，末數語叮囑人用機，機無餘蘊矣。

无閟評：首詮機之定義，圓滿無漏。中言乘機而歸於決心，此與今軍事家言用兵貴機動，貴有決心 若合符節。

勢

猛虎不據卑址，勍鷹豈立柔枝，故用兵者務度勢。處乎一隅，而天下搖搖莫有定居者，制其上也。以少邀衆，而堅銳沮避莫敢與爭者，扼其重也。破一營而衆營皆解，克一處而諸處悉靡者，撤其恃也。陣不竢交合，馬未及鞭弭，望旌旗而踉蹌奔北者，攝其氣也。能相地勢，能立軍勢，善之以技，戰無不利。

原評：孫以止以水石狀勢，此則指勢實言，泛切悶爲逕庭。

識

聽金鼓，觀行列而識才，以北誘，以利餌而識情；撼而驚之，擾而拂之，而識度；察於事也。余（按此字疑係敵字彼字）之所起，我悉覺之；計之所胎，我悉洞之；智而能掩，巧而能伏，我悉燭之；灼於意也、若於意所未起者，能預擬盡變，先心敵之心，敵後意而意，我謀於彼投也。一世之智，昭察無遺，後代之能逆觀於前，識至此，綦渺矣。

測

兩將初遇，必有所試；兩將相持，必有所測；測於敵者，避實而擊疏，測於敵之測我者，現短以致長。按致有制意，致命其例也。測蹈於虛，反為敵詭。必一測而兩備之，慮乎不慮，全備也。勝道也。

詮：李光弼短於野戰，故陳兵於野，料史思明知其短而必襲，因降李日越高庭暉二將。測敵測我也。劉裕伐蜀，曰：先從內水，此當出外水。敵料其奇，必出內水。今以內水為誘，竟出外水，此一測而兩備也。

爭

戰者爭事也，兵爭交，將爭謀，將將爭機，夫人而知之。不爭力而爭心，不爭人而爭己，夫人而知之。不爭事而爭道，不爭功而爭無功；無功之功，乃爲至功，不爭之爭，乃爲善爭。

自註：無功之功，如救燃焉，曲突徙薪。如秦醫焉望神望氣。皆在不賞。

无悶評：伯陽妙文，南華奧旨，卽儒家亦不外此。

讀

論事古不如今，事多則法數，時移則理遷。故讀千古兵言，有不宜，知拘。（按言上疑脫家字）妄言知謬，未備識缺，膚俚須深，幻杳索實，浮張必斥，成套務脫。忌而或行，誡而或出，審疏致密，由偏達全，反出見奇，化執為活，人泥法而我鑄法，人法法而我著法，善兵者，神明其法。（兵下疑有用字）

目註：霍去病不學古法，張巡以己意行軍，岳武穆運用之妙，存乎一心，此皆神明其法也。趙括徒讀，房琯車敗，執一窮寇勿追之說，而令微賊蔓延，豈非泥法為之蠹哉。

无悶評：古不如今，時移則理遷，直是邏輯精義；知人論事，理固相通，又不僅讀兵書而已。著者明末逸民，故於自註中，致慨於流賊之不治，其旨微矣。

言

言爲劍鋒上事，（按古有三鋒之說，舌鋒在劍鋒上）所用之法多離奇：或虛揚以濟謀，或權託以備變，或誣構以疏敵，或謙遜以玩敵。至預發摘奸，詭譎造惡，故洩取信，反說餂意，款劇（疑誤款）導情，壯烈激衆，愴痛感軍，高危悚聽，震厲破膽，假痴，僞認，佯怒，詐喜，逆排，順導，飛，流，紿，狂，嚜，譖，附，瞪，形，指，躡，嘿，皆言也。皆運言而制機宜者也。故善言者，勝驅精騎。

无閟評：以言爲兵法者，古無有也，以不言之言，爲兵法者，尤無有也。然不能謂爲無用，酈生下齊，豈非賴口舌之力。

又按：附言託神鬼，形言形動，指言指運，躡言足躡。飛，流，恐是蜚短流長之意。

造

勘性命以通兵玄，探古史以核兵跡，窮象數以徹按徹通也兵徵，涉時務以達兵致，考器物以測兵物，靜則設無形事而作謀，出則探索所懷而經天下。

无悶評：兵家造詣之難如此，夫固未易談也。

巧

事不可以徑成者必以巧，況行師乎。善破敵之所長，使敵攻守失恃，逃散不能，是謂因制之巧；示弱使忽，交納使慢，習處使安，屢常使玩，時出使耗，虛驚使防，挑罵使怒，是謂愚侮之巧；所設法，非古有法，可一不可再，獨造而獨智，是謂臆空之之巧；一徑一折，忽深忽淺，使敵迷而受制，是謂曲入之巧；以活行危而不危，翻安爲危而復安，舍生趨死，向死得生以成事，是謂反出之巧。

原評：巧思大半運擘于帷幄，人言不可以倖，故孫子僅有其末一著。

无悶按：歷代流寇，多半以恐侮之巧，老王師，王師每爲所乘，偈子目擊明末闖獻之亂，一一曲爲拈出，可爲萬世建威銷萌之備。

謀

兵無謀不戰，謀當底於善，事各具一善，機各載一善，局隨事因時，謀及其善而止。古書三策，上爲善，有用其中而善者；有出其下而善者；有兩從之而善者；並有處敗而得善者；智不備於一人，謀必參諸羣士。善爲事極，謀附於善爲謀極，深事深謀，無難而易，淺事淺謀，無過而失也。

自註：慮而后能得，得深得淺皆得也。於此可悟止至善，理非隱深。薛公策黥布，司馬懿策公孫淵，于謹策蕭繹，皆三策，而俱出下以敗，皆不能謀也，公孫五樓策慕容超，李密策楊玄感，知上中爲勝着，而又出下以敗能謀不能用也。張瑾策拒奴，龐統策入蜀，從中取勝，能謀能用也。韋孝寬策策齊，不取上中而處下致勝，能謀而不必用也。唐高祖取隋，留諸將圍河東，自引兵西，兩謀而兩用也。成祖三策吳傑，誘之出下，文成三策宸濠，迫之出下，又奇謀而奇用也。

无悶按：張瑾策拒奴，成祖三策吳傑，恐有誤，待考。

計

計有可制愚不可制智，有可制智不可制愚，一以計爲計，一以不計爲計也。惟計之周，智愚並制，假智者而愚，卽以愚施，愚者而智，卽以智投，每遇乎敵所見，反乎敵所疑，則計蔑不成矣，故計必因人而設。按設字恐是疑字之誤

无悶按：原註引華容之蹶，街亭之挛爲證，余以其不出正史，删之。

生

生者，孳荄也。玄蒂也，故善計者，因敵而生，因己而生，因古而生，因書而生，因天時地利事物而生，對法而生，反勘而生。陡設者，無也•象情者，有也。皆生也。

變

事幻於不定，亦幻於有定，以常行者而變之，復以常變者而變之，變乃無窮。可行則再，再即窮，以其擬變不變也。不可行則變，變即再，以其識變而復變也。萬雲一氣，千波一浪，是此也，非此也。

无悶按：一部周易，只是教人明變，揭子數語，隱括易意，兵事變化莫測，抑其形而下者也。

又按：其說空而不玄，故可貴，近代辯證邏輯，主變動不居，其指歸一也。

纍

我可以此制人，卽思人可以此制我，而設一防。我可以此防人之制，人卽可以此防我之制，而思一破人之防。我破彼防，彼破我防，而又設一破彼之破；彼既能破，復設一破乎其所破之破，所破之破既破，而又能固我所破，以塞彼破，而申我破，究不爲其所破。遞法以生，踵事而進，深乎深乎。

自註：九守九攻，原是相纍而生，非間一法者，纍人則爲十八矣，

光閎評：余生平讀書，未見如此縝密之思想，與如此奧衍之文筆。

轉

守者一，足敵攻之十，此恒論也。能行轉法，則其勢倍百。如我以十攻一，苟能轉之，則彼仍其一，而我十其十，是以百而擊一。我以十攻十，苟能轉之，則我仍其十，而彼縮其九，是以十而擊一。我以一攻十，苟能轉之，則敵止當一，而我可敵十，是以一而擊一。故善用兵者，能變主客之形，移多寡之數，翻勞逸之機，遷利害之勢，挽順逆之狀，反驕厲之情。轉乎形並轉乎心，以艱者危者予平人，易者善者歸諸己，轉之至者也。

原評：大算計，大作用，轉法華，不爲法華轉。

先閎按：總理精神講話，嘗云革命軍一以當百。不外此意，故知英雄所見略同。

活

活有數端，可以久，可以暫者，活以時也。原作者字易爲也字可以進，可以退者，活於地也。可以來，可以往，則活於路，可以磔，可以轉，則活於機，兵必活而後動，計必活而後行，第活中務緊，緊處尋活，無留接，是爲孤軍，無後着，是云窮策。

自註：韓信背軍水上，得生者，全在拔幟活着，若馬謖則一昧置於死地，如火投水，安有生理，噫，不可謂孫子之書不誤人。

疑

兵詭必疑，慮疑必敗。

誤

克敵之要，非徒以力制，乃以術誤之也，或用我誤法以誤之，或因其自誤而誤之，誤其恃，誤其利，誤其拙，誤其智，亦誤其變。虛挑實取，彼悟而我使誤，彼誤而我能悟。故善用兵者，誤人不爲人誤。

自註：廢其農桑，高熲誤陳，使疲奔命，巫臣誤楚，知更緩而賊不集，曹翰巧於誤人，留弱卒而走池州，常遇春悟人誤，而因以破人也。鄭國教秦開渠，致秦足餉，誤人利人，則非善矣。

左

兵之變者無如左，左者以逆爲順，以害爲利，反行所謀左其事，以具資人左其形，越取迂遠左其徑，易而不攻，得而不守，利而不進，侮而不遏，縱而不留，雖有所先，險有所蹈，死有所趨，患有不恤，兵衆不用，敵益而喜，皆左也，適可而左，則適左而得，若左其所左則失矣。

自註：左者逆用法，計至用左，斯稱透入兵要。

无悶註：侮而不遏，濛塘本作假而不遏。

拙

遇強敵而堅壁，或退守時，宜拙也。敵有勝名，於我無損則侮言可納，兵加可避，計來可受，凡此皆可拙而拙也。甚至敵無奇謀，我有外患，敵本雖伏，我以勁待，凡此皆不必拙而拙無失也。寧使我有虛防，無使彼得實着，歷觀古事，竟有以一拙敗名將而成全功者。故曰．爲將當有怯時。

自註：呂后納匈奴之悖、子房勸帝就封，俱如此術。

預

凡事以未意而及者，則心必駭，心駭則倉卒不能謀，敗徵也。兵法千門，處傷萬數，按處字疑是死字必敵襲如何應，敵衝如何攩，兩截何以分，四來何以戰。凡屬艱險危難之事，必預籌而分布之，務有一定之法，並計不定之法，而後心安氣定，適值不驚，累中無虞，古人行師，經險出難，安行無慮，非必有奇異之智，預而已。

疊

大凡用計者，非一計之可孤行，必有數計以勷之也。以數計勷一計，繇千百計煉數計。數計熟則法法生。若間中者，偶也。適勝者，遇也。故善用兵者，行計務實施，運巧必防損，立謀慮中變，命將杜違制，此策阻而彼策生，一端致而數端起，前未行而後復具，百計疊出，算無遺策，雖智將強敵可立制也。

周

處軍之事煩多，爲法亦瑣，大而營伍行陣，小而衣食寢居，總不可開隙迎釁，疑誤故據患於不慮，作法於無防，敵大勿畏，敵小勿欺，計周靡恃，爲周之至。

无悶按：敵小勿欺，言勿以其小而不備也，古今來，小勝大者多矣。

謹

用兵如行蝸宮蛟窟，有風波之險。蝸宮蛟窟，渡則安也。若大將則無時非危，當無時不謹：入軍像有偵，出境儼臨交，獲取驗無害，（按言獲降取物，必驗其無害。）遇山林險阻必索奸，敵來慮有謀，我出必裕計，愼以行師，至道也。

自註：前言周於事物，此言周於動靜。

原評：華元夜登子反之牀，漢高突入信耳之壁，即臥內，奪兵符，祇是一個不謹。

无悶評：前篇言周，此篇言謹，愼之至也。

知

微乎微乎，惟兵之知，以意測，以識悟，不如四知之靡得其實也。一曰通，二曰諜，三曰偵，四曰鄉。通知敵之計謀，諜知敵之虛實，偵知敵之動靜出沒，鄉知山川蘙翳，里道迂迴，地勢險易。知計謀則知所破，知虛實則知所擊，知動靜出沒，則知所乘，知山川里道形勢，則知所行。

自註：知，難事也。通，諜，偵入敵壘，必數用而交發，交發不交知，以杜敵詭，以虞反倍。敵有通諜，爲詐事以餌之，或恩結而賺其情，或反其計謀以觀其報，報而敵應，旋復顛倒用之，報而不應，敵必疑之，此善於用知，深於迷敵之知也。

又註：孝寬以金貨陷齊人，遙通書疏，故齊人動靜，朝廷皆先知，卒以敗齊。郭逵得蠻所親信爲鄉導，諸隘悉平。孟珙得降將劉儀，通九砦虛實，因敗武仙。李愬擒李祐，使將騎兵爲先導，卒擒元濟。戚定遠設偵法，重刑厚賞，遣親兵能卒，率鄉導追隨賊所，凡賊之動靜地利畢報，賊一舉動有報，驗一時又有報，其分入多寡出入向往，舉皆洞悉。地則泥塑筆繪，分別路徑，使衆皆了然，乃指授方略而進。恐有偏聽之弊，則偵者用多，恐有奸僞之變，則親者相間，恐有愚昧之疏，則選能者。

无閎按：此篇可與論巧論間兩篇參讀。

間

間者祛敵心腹，殺敵愛將，而亂敵計謀者也 其法則有生，有死，有書，有文，有言，有謠，用歌，用賂，用物，用爵，用敵，用鄉，用友，用女，用恩，用威。

自註：劉琨散晉人，(按晉應作胡)李靖離可汗，衛瓘弧二虜，縱諜往返，生間也。劉錡使曹成墮馬，陽明有舍命王，死間也。馮异遺李軼簡，魏武與韓遂書，書間也。种世衡越境而祭野利兄弟，焚不覺而返，使其所信，侮習箋蠟，文間也。起之走頗，單之去毅，張讒構誣，言間也。百升飛上，不扶自直，謠間也。四面楚歌，八千皆散，歌間也。賈詡結楊松，胡宗憲結徐海，捐金行餌，賂間也。進草具詿增，懸圖像沒仁肇，胡濙受脫脫不花之獻，用拓用納，物間也。李克鉹重待日越，顯而膚之，爵間也。李愬陰厚淮諜，犒雖厚賚獲卒，使之反報，敵間也。蔣幹之諧周瑜，李逵之撫境外，通其里故，鄉間也。蘇秦激儀入秦，張良要項伯，密為我應，友間也。進姝於蠡，儀結鄭袖，翻言鬬席，女間也。郭元振通吐蕃，李愬除曆家令，推誠布惠，恩間也。李榷鞭秦，種世衡拷僧，苦肉建功，戚間也。凡此者，皆因人致亡，所用不一。

祕

謀成於密敗於洩，三軍之事，莫重於祕。一人之事，不洩於二人，明日所行，不洩于今日。細而推之，愼不閒髮。祕於事會，恐洩於語言，祕於語言，恐洩於容貌，祕於容貌，恐洩於神情，祕於神情，恐洩於夢寐。有行而隱其端，有用而絕其口。然可言者，亦不妨先露以示信，推誠有素，不祕所以爲祕地也。

自註：智都而終以祕，見凡謀必祕而後可成也。然事之祕，則計未就而人先疑，反爲敗局，兵詭道，推誠又是根底。

原評：宋齊丘，徐知誥，水亭屏語，閣升高堂，孟珙楊璞，深夜擁爐，以筯畫灰，旋以匙滅，楊一清以指畫張永掌，他人睇而莫知，六將近侍，不得與聞，此所以測神機於莫測。至斷牛首，決西湖，辛稼軒以酒後洩之，神情乎，夢寐乎，陳同甫以與聞而遇，則軍機事，有不可洩，亦有不可聞者。

无閟評：有用而絕其口，的是辣着，古人有用之者。先露以示信，其例更多。

自註歸根於推誠，又是見道之語，所謂好奇而不舛於正也。

按：論祕自事會言語，至神情夢寐，眞是匪夷所思，故用兵非有大學問，大修養，不能守祕。

兵經百篇　中卷

法部

興

凡興師必分大勢之先後緩急以定事，酌彼己之情形利害以施法，總期於守己而制人，或嚴外以衛內，或固本以攢基，或剪羽以孤勢，或擒首以散餘，或攻強以震弱，或拒或交，或勦或撫，或圍或守，或遠或近。或兩者兼行，或專力一法。條而審之，參而酌之，決而定之，而又能委曲推行，游移待變，則展戰而前，可大勝也。

自註：用兵須要從得手處做起，在大主意上打算，打算既定，又觀於便於何法，而後細微周折，聽其推通，若頭顱一錯，事機倒置，任有如許智能，僅可小遂而已。

原評：憲宗欲平藩鎮，張弘以爲先淮蔡而後恆冀，周世宗欲平天下，王朴以爲先江南而後河東。事定乃起，法勝後戰。

无悶評：興師之先，決定友，敵，輕，重，緩，急，自是戰略要着。

任

上御則掣，下抗則輕，故將以專制而成，分制而異，三之則委，四之五之，則擾而拂。毋有監，監必相左也。毋或觀，觀必妄聞也。毋聽讒，讒非忌卽間也。故大將在外，有不俟奏請，賞誅討，相機以爲進止。將制其將，不以上制將，善將將者，專厥任而已矣。

將

有儒將，有勇將，有敢將，有巧將，有藝將。儒將智，勇將戰，敢將膽，巧將制，藝將能，兼無不神，備無不利。

輯

輯睦者，治安之大較，睦於國，兵鮮作，睦於竟，燧無驚不得已而治軍，則尤貴睦，君臣睦而後任專，將相睦而後功就，將士睦而後功賞相推，危難相援，是輯睦者治國行軍不易之善道也。

无闇按：小戰貴人自爲戰，大戰貴協同動作，揭子所云，協同精神之極致也。

材

士有有股肱耳目，大將必羽翼贊勳，故師之用材，等於朝廷。有智士，若參謀，亦贊畫，亦謀主，任帷幄而決軍機，動必咨詢。有勇士，若驍將，亦健將，亦猛將，亦梟將，主決戰而備衝突，率衆當先。有親士，若私將，若手將，若幄將，若牙將，主左右宿衛，宣令握機。有識士，曉陣宜，知變化，望景氣，測雲物，驗風雨，悉地域，灼敵情，知微察隱，司一軍進止。有文士，窮今古　緯理原，秉儀節，哆講求，搆箋檄，露疏典，亮辭章。有術士，精時日，相陰幽，探筴卜，操迴避，鍊鴆餌，使權宜可否，利己損敵。有數士，審國運，逆利阨，射襲伏，籌餉變，紀物用，錄斷酬，籍卒伍，丈徑率，能籌算多寡，略無差脫。有技士，劍客刺，死士輕，盜刼襲，通說辨，間諜謠，俾得出入敵壘，相機設巧。有藝士，度材器，規溝塹，葺損隘，創神異，顯小大，促遠近，更上下，翻重輕，仿古標新，專簡飭兵物以全攻守。此九者之內，有兼才，如智能役勇，勇能行智，及智勇備者。有通材，若智謀，若勇戰，若文藝技術，無有不達者，誠奇傑國士也。外此則有別材，若戲，若舞，若笑，若罵，若歌，若鳴，若魅，若擲，若躍，若飛，若圖畫，若烹飲，若染塗，若假物形，若急足善行，總不可悉名，然屬技能，足給務理紛者，皆必精選厚別，俾得善其所司，而後事無不宜之人，軍無不理之事，至於獻謀陳策，則罔擇人，偶然之見，一得之長，雖以卒徒，必亟上擢，言有進而無拒，不善不加罰，則英雄悉致此羽林列曜之象也。

能

天之生人，氣聚中虛則智，氣散四肢則樸，樸者多力，智者多弱，智勇兼者，世不可數，故能過百人者，長百人。能過千人者，長千人。越千則成軍矣。能應一面之機；能當一面之鋒，乃足以長軍。軍有時而孤，遣將必求可獨往。故善用才者，偏裨皆大將也。

鋒

自天，地，風，雲，龍，虎，鳥，蛇而外，更立九軍，所以厚別分值，爲軍之鋒。一曰親軍，乃里壯家丁，護衞大將者也。一曰憤軍，乃復仇贖法，願驅前列者也。一曰水軍，能出沒波濤，覆舟盪楫。一曰火軍，能飛鏢滾雷，遠致敵陣。一曰弓弩軍，能伏窩挽強，萬羽齊發，制敵百步之外。一曰衝軍，力撼山嶽，氣叱旌旗，於以攖大敵，冒強寇。一曰騎軍，驍勇異倫，飛馳兩陣之間，追擊遠絕之地。一曰車軍，材力敏捷，進犯矢石，退遏弁騎，列之使敵不得進。一曰游軍，巡視機警，便宜護應合軍擧動皆擊之。而中有猱升，猿下，蛇行，鼠伏，縋險，通遠，踰城，穿幕之屬。九者；親，游，附於中軍，餘每分列八隅，隅則各禦，合則兼出，可伸可縮，使一陣之間，血脈聯絡，惟藉此爲貫通也。

自註：親軍親士，須得其人，凡與敵通者，類多左右近侍，爲將者，大宜慎此。

結

三軍衆矣，能使一之於吾者，非徒威令之行，有以結之也。而結必協其好，按協，合也。智者展之，勇者任之，有欲者遂之，不屈者植之，洩其憤惋，復其仇讎，見瘡痍如身受，行罪戮如不忍，有功者雖小必錄，得力者賜予非常，所獲則均，從役厚恤，撫衆推誠，克敵寡殺，誠若是豈惟三軍之事，應麾而轉，將天下皆望羽至矣。敵其空哉。

自註：李孝恭縱俘行檄，李晟錄廝養，馬燧披心示廷光，种世衡抵帳勞奴訛，出姬贈慕恩，郭遠以舊棠囊示其臻，結敵也。吳起吮疽，孟珙均賞，唐太宗掩死亡，楊行密瞻從征之家，劉基傾庫開誠，自結也。秦穆食馬賜酒，旋獲晉侯，中山君以一壺飡獲二死士，楚莊絕纓，蔣雄後解其圍，孔融饋粟，太史慈，出之於難，結乎人心而收益者比比，爲將不可不知。

馭

人以拂氣生，才以怒氣結，苟行兵必求不變者而後用，天下有幾。兵非善事，所利之才，卽爲害之才。勇者必狠，武者必殺，智者必詐，謀者必忍，兵不能遺勇武智謀之人，卽不能遺狠殺詐忍之人，不用狠殺詐忍之人，則又無勇武智謀之人。故善馭者，使其能而去其凶，收其益而杜其損，則天下無非其才也。仇可招也，寇可撫也，盜賊可舉，而果敢輕法，而夷狄遠人，皆可使也。

自註：韓信用李左車，仇也。韓世忠用曹成，寇也。廣翮三科舉士，盜賊輕法者也。漢武用金日磾，唐高祖用屈突通，夷狄遠人也。

又註：馭之能得其道，則魏延之能叛而不敢叛，鍾會之欲叛而不獲叛，馭之不得其道，則侯景擧十三州降梁，祿山致唐遷蜀，雖以智餌恩遇，亦奚益哉。

練

意起而力委謝者，氣衰也。力餘而心畏沮者，膽衰也。氣衰膽衰，智勇竭而不可用。故貴立勢以練氣，經勝以練膽，布心以練情，一教以練陣藝。三軍練，彼此互乘，前後疊麗，動則俱動，靜則俱靜。

自註：負於高固，制乎遠地，則氣生。先之以選鋒，發之以奇策，則膽壯。常以法度，標其意旨，重其撫循，則情孚。練陣藝，另有專書著論。

勵

勵士原不一法，而余謂名加則剛勇者奮，利誘則忍殺者奮，迫之以勢，陷之以危，詭之以術，則柔弱者亦奮。將能恩威協，所策皆獲，則三軍之士，彪飛龍躍，遇敵可克，而又立勢佐威，盈節護氣，雖北不損其銳，雖危不震其心，則又無人無時而不可奮也。

自註：與其以恩威從事，曷若令其自奮。

原評：常遇春據王弼背而破吳，李文忠言破賊則富，而衆擊淳安，光弼促廷光頭而史思明敗，凡此皆勵法也。

勒

勒馬者必以羈勒，勒兵者必以法令。故勝天下者不弛法。然恩重乃可施罰，罰行而後威濟，是以善用兵者準得失爲功罪，詳門奔以恤傷，戮一人而人皆威，殺數衆而衆咸服，誅怯斬敗，而士益奮，號令嚴肅，犯法不貸，止如岳，動如崩，故所戰必克。決不以濡忍爲恩，使士輕其法，致貽喪敗也。

自註：穰苴立表斬莊賈，勒後至者。祭遵格殺舍中兒，勒犯法者。呂蒙斬里卒，勒取物逗留者。李光弼之斬崔衆而閉詔書，勒潰師。狄青之斬陳曙以德擅出，馬燧得廝旗章，勵殺給役，能以法勸敵，孔明街亭自貶，子反隕師甘刎，則以法自勸也。能體此，法不貸而師勁矣。

无悶按：詳門奔以恤傷，語甚精，傷有門有奔，不能概恤也。

恤

嘗有絕代英雄，方露端倪，輒爲行間混陷，亦有雜於卒伍，勤業未建，或爲刑辟所加，可勝浩歎，天之生才甚難，苟負奇質而不見用，則將投敵而爲我抗，此爲大將者在所必恤；恤者：平日虛懷咨訪，毋使不偶，至於陣中軍兵，披霜宿野，帶甲懸刀，飢搏風戰，傷於體而不言苦，經於難而不敢告勞，苟輕棄其命，非惟不利於軍，亦且不利於將，故善用兵者，不使陷於敵，與擅肆戮也。

自註：韓淮陰，李衛公，郭汾陽，岳武穆，非得滕公，唐太宗，李白，宗澤救止，安從建後來事業。刀斧之下，頗有傑人，余是以每爲輕殺嗟吁。

无悶按：唐太宗似未有救李衛公之事。

較

較器不如較藝。較藝不如較數，較數不如較形與勢，較形與勢，不如較將之智能。智能勝而勢不勝者智能勝；勢勝而形不勝者勢勝，形勝而數不勝者形勝，形與數勝，而藝疏器窳者，形數勝。我勝乎至勝，彼勝乎小勝，敵雖有幾長，無難克也。

原評：器較利鈍，藝較精疏，數較多寡，形較強弱，勢較勇怯，有智能則專主明，天地得，法令行，故曰至勝。

銳

養威貴素，觀變貴謀，兩軍相薄，大呼陷陣而破其膽者，惟銳而已矣。衆不敢發而發之者，銳也。敵衆蜂來，以寡赴之者，銳也。出沒敵中，往來衝擊者，銳也。爲驍爲健，爲勇鷙猛烈者，將銳也。如風如雨，如山崩岳搖者，軍銳也。將突而進，軍湧而衝者，軍將皆銳也。徒銳者蹶，不銳者衰，智而能周，發而能收，則銳不窮。

自註：銳則能破敵，如王恭躍馬大呼，劉裕獨驅數千人，李嗣業長刀堵斧，常遇春挺戈先登是。銳則爲敵畏，稱李廣爲飛將軍，長孫無忌爲霹靂閃電，韋叡爲韋虎，李崇爲臥虎，尹繼倫爲黑面大王，岳飛爲岳爺爺是。銳則不自沮怯，李仁愿不設塹門，尉遲恭，執矟掠陣，薛仁貴脫兜以見，狄青披髮銅面，傅友德矢貫頰復進是。銳則敵不敢迫，趙雲入營息鼓，劉錡開門迎敵，鄧愈開徽四門是。銳士衝鋒陷陣，若唐太宗之奇兵，李克用之沙陀鐵騎，韓岳之背嵬，張俊孟宗政之鐵山，皆名震敵人者。

糧

籌糧之法，大約歲計者宜屯，月計者宜運，日計者宜流給。行千里則運流兼，轉徙無常則運流兼，迫急不及錙賫，則用乾餱。若夫因糧於敵，與無而示有，虛而示盈，及運道阻絕，困守圍中，索石物爲飼，間可救一時，非可長恃者。民之天，兵之命，必謀之者不竭，運之者必繼，護之者惟周，用之者常節。

自註：蕭相國轉餽關中，寇子翼儲諸河內，曹孟德屯田許下，孔明耕雜渭濱，蔣公琰餽足軍食，李善長供給無缺，乃能收服天下。劉晏平準，充國便宜，趙汴遺意，祖逖棗土，道濟量沙，子羽屯田，所以賑停濟急。如漢師儲糞糗內，行儉伏甲糧車，吳師會楚食而後戰，晉師館穀三日，成祖十日程築一城，則制敵奇而守護周也。

无闇：末四語精絕。

行

軍行非易事也。行險有伏可慮，濟川惟決是憂，晝起恐其暴來，夜止慮彼虛擾，易斷絕者貫聯，難疾速者捲進。一節不防，則失在疏，必先繪其地形以觀大勢。復尋土著之人，以為前導，一山一水，必盡知之，而後可以行軍。

自註：唐休璟以儒者，號為知兵。自碣石踰四鎮，其間綿地凡萬里，山川夷險阻障，皆能言之，故行師未嘗敗。

移

軍無定居，亦無定處，但相機宜而行。春宜草木，枯燥則移。夏宜泉澤，雨濡則移。伏於林翳，風甚則移。有便則移，可處則移，有利則止，無獲則移，敵脆則止，敵堅則移，此強彼弱則移，此緩彼急則移，此難彼易則移。

自註：齊伐魯，魯募死士斫營，齊君聞之，一夕三徙。

无悶註：亦無定處，藻塘本作亦無去處。

住

住軍必後高前下，向陽背陰，養生處實，水火無慮，運接不阻，進可以戰，退可以守，有草澤流泉，通達樵牧者則住。然物散不全，方域各異，故暫止惟擇軍宜，久拒必任地勢。

自註：凡不可住者十有餘：障塞恐潛襲，水衝恐盈決，無水恐渴飲，死水恐瘵氣，水源在敵恐流毒，沙堤恐水潰，地淖恐傾圮，漫城恐敵四面來，通衢恐敵夾至，無出路恐難進戰，無退步恐難委脫，無糧路恐難運接，難偵望出奇，孤峯絕谷恐敵困阨，四谿恐敵環促，重巒疊溪恐難上下往返，枯木乾草，恐有焚燒，無蔬草，恐士馬乏食，卑濕恐生疾病，四虛恐多驚擾，山高勢下，土平不實，恐有綾，龍遼而中空，新舊土錯，急以物概，恐有伏雷軍也，如此者亟去。

原評：孫子之言地者九，俱死而不活。此篇末二句見無限通融。

趨

師貴徐行，以養力也。惟乘人不備，及利於急擊，當倍道以趨。晝趨則偃旗息鼓，夜趨則捲甲啣枚。趨一日者力疲，經晝夜者神憊。一日以趨，雖百數十里，晝夜以趨，雖二三百里，雖近者絕不成行陣難畢至，雖遠者棄大軍而進，故衆師遠乎其後也。人不及食，馬不及息，勞而寡及，非特我之精堅，敵之摧喪，與地形山川之洞悉，敢出於此乎，故非全利而遠害，慎勿以趨爲倖也。

自註：如操以江陵有軍實，恐備據之，一日夜馳二百里，王威請劉琮以三千師扼之，法曰必蹶上將軍。至裴行儉之襲都支，張鎬之援睢陽，狄青之夜馳崑崙，吳玠之援饒風關，鄧愈之趨撫，胡大海之救徽，成祖之掩滄州，自當倍道星馳，不可斯須緩也。

地

凡進師克敵，必先相敵地之形勢，十里有十里之形勢，百里有百里之形勢，千里數千里，各有形勢，卽數里之間一營一陣，亦有形勢。一形勢，必有吭，有背，有左夾，右夾，有根基要害，而所恃者必恃山，恃水，恃城，恃壁，恃關隘險阻。草木蘙翳，道路雜錯，克敵者，必審其何路可進，何處可攻，何地可戰，何處可襲，何山可伏，何徑可誘，何險可據。利騎利步，利短利長，利縱利橫，業有成算，而後或扼吭，或擣背，或穿夾，或制根基要害。恃山則索踰山之法　水則索渡水之法，恃城壁關隘，草木道路，則索拔城破壁，越關過隘，焚木除草，穡築道路正歧通合之法。勢在外，愼毋輕入，入如魚之遊釜，難以遺脫，勢在內，毋徒遶，遶如虎求圈羊，不可食也。故城非伏難攻，兵非導不進，山川以人爲固，苟無人能拒，山川曷足險哉。

自註：均長江也，在仲謀則爲天塹，在孫皓則北軍飛渡。均劍閣也，在昭烈則爲天險，在劉禪則軍從天降，可見在人不在地。

无悶按：前篇論往，言處己，此篇言制敵，一地而兩論，精之至也，

利

兵之動也，必度益國家，濟蒼生，重威能，苟得不償失卽非善利者矣。行遠保無虞乎？出險保無害乎？疾趨保無蹶乎？衝陣保無陷乎？戰勝保無損乎？退而不失地，則退也，避而有所全，則避也。北有所誘，降有所謀，委有所取，棄有所收，則北也，降也，委棄也。行兵用智，須相其利。

无悶評：設爲問語，愼之至也。戰勝而有所損，其旨甚微，退，避，北，委棄，有所不惜，則屈伸之道盡矣，孫吳云乎哉，兵書云乎哉。

陣

言陣者數十家，余盡掃而盡括之。形象人字，名曰人陣。順之爲人，逆之爲人，進之爲人，退之爲人，聚則共一人，散則各爲一人。一人爲一陣，千萬人生乎一陣，千萬陣合於一陣，千萬人動乎一人。銳在前而重在後，鋒爲觸而遊於周。其中分陰陽虛實，當受卸衝，爲翼伏吐納，動靜翕張。門不可亂，進不相依，不依則危，人自不亂，亂亦隨整，人能自依，人必依人，又何可亂，高高下下隨乎勢，長短廣狹變於形，人陣神然哉。

无悶評：自門不可亂以　，語皆精絕，施之於今亦無間。

肅

號令一發三軍震懾，鼓進金止，炮起鈴食，颯奮麾馳，雨不避舍，熱不釋甲，勞不棄械，見難不退；遇利不取，陷城不妄殺，有功不驕伐，趨行不聞聲，衝之不動，震之不驚，掩之不奔，截之不分，是爲肅。

自註：飛好野戰，然金人謂撼山易，撼岳家軍難，必覺是治軍嚴肅。

无悶按：掩言掩襲也。寥寥數十字，平時戰時，皆已概括。

野

整者兵法也。礙於法則有機不投，兵法之精，無如野戰：或前或卻，或疏或密，其陣如浮雲在空，舒卷自如，其行如風中柳絮，隨其飄泊。迨其薄，如沙汀磊石，高下任勢，及其搏，如萬馬驟風，儘力奔騰。敵以法度之，法之所不及備，以奇測之，奇之所不及應，以亂撓之，亂而不失，馳而非奔，旌旗紛動而不踉蹌，人自爲克，師自立威，見利而乘，任意爲戰，此知兵之將所深練而神用者也。抑亦難哉。

自註：李廣行無步伍，程不識正部伍，匈奴畏李廣之略，士卒亦樂從廣而苦不識，郭汾陽行軍簡易，李臨淮，治軍嚴整，湖方將士，亦樂子儀之寬，憚光弼之嚴，則美善差於此辨，況戚家軍步步立法，止可治三千而不敢十萬乎。

无悶評：陶公用法，恆得法外意，吾於此公亦云。

張

耀能以震敵，恒法也。惟無有者故稱，未然者故托，不足者故盈。或僞設以疑之，張我威，奪彼氣，出奇以勝是虛聲以致實用也。處弱道也。

自註：耿弇開岡一角，令敵奔歸，李藥師得蕭銑舟，放之下流，李文忠得苗獠級，標瓦棧中，乘流而進，此耀能震敵，使敵氣喪救阻。寇恂稱劉公兵到，周魴呼左師大至，韓世忠呼大軍至矣，臧宮使車聲迴環，虞詡令更衣出入，則故稱僞託，令敵莫測，康范陳登入各兩束，唐太宗旌旗綿亙，于謙遶山盧逐，史杭焚芻煙焰，張齊賢，列幟燃芻，潘美萬炬齊發，傅友德列炬霸山，曹良臣依河布幟，劉舜肅車迫城郭，王明多立長木為檣桅，劉江令軍士放炮不絕，徐盛植木衣葦，爲疑城假樓，劉鄂結芻爲人，畢再遇縛藁爲卒，韓褒以甲冑衣南山草木，則故疊假設，俾敵驚駭，皆緣此致勝。故云虛聲實用。

斂

卑其禮者，穨敵之高也。靡其旌者，亂敵之整也。掩其精能者，委敵之盛銳也。惟斂可以克剛強，惟斂難以剛強克。故將擊不揚以養鷙，欲搏弭耳以伸威，小事隱忍以圖大，我處其縮，以蠱彼盈。既舒吾盈，還乘彼縮。

自註：錐以向後而入益深，矢以引卻而發益遠。李牧急入收保，不許捕虜，光武遇小敵則怯，遇大敵則奮，馬隆令軍士農耕，李愬謂戰非吾事，仇鉞佯病詐降，卒能克敵，若漢高平城之圍，因匈奴先匿其精騎，使者十輩言可伐。則斂之一法，其取勝要着哉。

无悶評：曾文正公亦曰兵爲陰事，時宜凝斂。

順

大凡逆之愈堅者，不如順以導瑕，敵欲進，羸柔示弱以致之進，敵欲退，解散開生以縱之退，敵倚強，遠鋒固守以觀其驕，敵仗威，虛恭圖實以俟其惰。致而掩之，縱而擒之，驕而乘之，惰而收之。

自註：朱儁破韓忠而減兵，曹仁降壺關而解圍，臧宮縱賊分散，周亞夫堅壁易邑，冒頓冒馬冒地，陸遜遣書謙抑，張俊細書以報，傅友德下令班師，皆是順法得着。

无悶註：不如順以導瑕，一作不如順以導暇。

發

制人於危難，扼人於深絕，誘人於伏內，張機設穽，必度其不可脫而後發，蓋早發敵逸，猶遲發失時，故善兵者，制人於無可逸。

自註：運機設謀，總在於發時見實際。

又註：孫子萬弩夾道，令見火舉俱發，趙奢令軍中，敵來五十步動者斬，周魴選精銳八百，令賊至三十步乃發。韓世忠金山之伏，鐵鉉懸門之誘，祇是一個早發，遂失卻許大機括，千古歎惜。

拒

戰而難勝則拒，戰而欲靜則拒。憑城以拒，所恃者非城，堅壁以拒，所恃者非壁，披山以拒，阻水以拒，所恃者非山與水，必思夫能安能危，可暫可久，靜則謀焉，動則利焉。

自註：余玠城釣魚者，山。仲謀堵江塢者，水。陸抗築西陵，因地。李牧備雁門，湯和守常州，能久。杜杲駐安豐，孝寬捍神武，則百計之不能破者。

撼

凡軍之撼者，非傷天行，卽陷地難，及疏於人謀，犯可撼，戒不可撼，若故爲可撼，以致人之撼之，而展其撼者，此又善於撼敵者也。

无闇按：犯可撼者，言敵犯忌也，戒不可撼者，言法所戒也。

戰

逆戰數百端，衆，寡，分，合，進，退，搏，乘，迭，翼，緩，速，大，小，久，暫，迎，拒，綴，遇，諸於法。騎，步，駐，隊，營，陣，壘，行，鋒，隨，專，散，嚴，制，禁，令，教，試，嘗，比，水，火，舟，車，筏，梁，協於正。晝，夜，寒，暑，風，雨，雲，霧，晨，暮，星，月，黑，雷，冰，雪，因於時。山，谷，川，澤，原，狹，遠，近，險，仰，深，林，叢，泥，坎，邃，巷，衢，蹊，沙，石，峒，砦，塞，宜於地。

至展計則謀，心，揚，應，餌，誘，虛，僞，聲，約，襲，伏，挑，搦，抄，掠，闖，構，嫁，左，截，邀，躡，踵，驅，卸。握奇則自，牽，變，避，隱，屑，裝，物，神，邪，攢，返，魅，混，野，泯，塵，烟，炬，耀，蔽，裸，空，飛，甚則不，無，衝，湧，擠，排，貫，刺，掩，蹂，夾，遶，圍，裹，蠶，壓，狠，暴，連，吡，懾，擢，戀，酣，併，陷，而施勇。再甚則飢，疲，創，困，孤，逼，降，破，欺，擒，憤，怒，苦，激，強，血，死，鑿，猝，驚，奔，殿，接，救，以經危。精器耆使，展戰華夷，亶爲名將。

无鬪：凡一字皆一戰法，其詳見揭子戰書。

搏

百法皆先着，惟戰則相薄，當思搏法，此臨時着也。敵強宜用抽卸，敵均宜用當抄，敵弱宜用衝蹂，蒙首介騎，步勇挾之，往還擊殺，使敵無完隊則蹂也。以我之強當其弱，以我之弱當其強，而令強者先發，左右分抄，是謂制弱取勝。預立斷截開分，使敵突則納，敵衝則裂，卸彼勢而全我力，伏鋒以裹之，所謂強弩之末也。要皆相敵以用，然未戰必備其猝來，戰退以虞其掩至，而且北必緊旌，使敵不敢遽迫，勝必嚴追，使伏不得突乘，能如是，而後進可不敗，退可不死，與三軍周旋風馳電薄間，無不得其勝着也。銳而暇，靜而整，愼旃。

自註：凡調停俱在先後，若相搏時，一刀一鎗，止爭在將士勇猛便捷而已。

分

兵重則滯而不神，兵輕則便而多利，重而能分，其利伊倍。營而分之，以防襲也。陣而分之，以備衝也。行而分之，恐有斷截，戰而分之，恐抄擊也。倍則可分以乘虛，均則可分以出奇，寡亦可分以生變。兵不重交，勇不遠攫，器難隔施。合兵以壯威，分兵以制勝，提數十萬之師而無壅滯者，分法得也。

自註：沐英攻大理，令胡海將一軍出點蒼山後，一分也。李光弼令郝廷玉攻西北，惟正攻東南二分也。劉毅擊鮮卑，以一軍衡中，二軍擊兩頭，三分也。沐英攻脫火赤，一襲其背，二繞左右，自率驍騎當前，四分也。袁紹兵多於曹，田豐識分半襲許，倍分也。李左車以信耳遠來，欲分軍絕其後，均分也。孔明圖中原，兵少難成功，魏延請以三千騎循秦嶺，襲長安，寡分也。崔浩[illegible]蠕連合而分，吳漢劉尙拒公孫述，分而合也。士會率七伏待敖，司馬懿八道攻上墉，韓信十伏擒項羽，鐵木眞十三翼破泰赤烏，曹操列營困呂布，愈分而愈奇，賀鑁百道以攻晉，侯景百道以攻梁，雖分未善，陶督之兵三百，戚繼光之兵三千，能治寡不能用多，未知分也。

更

武不可黷，連師境上，屢戰不息，能使師不疲者惟有更法，我一戰而人數應，誤逸爲勞，人數戰而我數休，反勞爲逸，逸則可作，勞則可敗，不竭一國之力以供軍，不竭一軍之力以供戰，敗可無虞，勝亦不擾。

自註：竭力以作孤注，曷若留餘以經遠久。澶淵之役，所以見譏於欽若，然裕如者，乃能爲此。若當智將驚敵，勢亟繫重，敢不併力一戰歟。

又註：晉三分四軍，三部一出。漢用戊己校尉，輪值分守、鄧艾議屯淮南，十二分休，李光弼用精銳，更番出戰，吳玠作三疊陣，更番疊休，敵不得息，深見其制敵優裕，至戍邊之半年一代，乘城之輪流遞派，一以綿國力，一以恤士卒也。

延

勢有不可卽戰者，在能用延。敵鋒甚銳，少俟其怠，敵來甚衆，少俟其解，徵調未至必待其集，新附未洽，必待其孚，計謀未就，必待其確，時未可戰姑勿戰，亦善計也。故爲將者務觀夫彼己之勢，豈可以貪遑催激，而莽然一戰哉。

自註：哥舒翰老將也，朝廷以中使趣之，撫膺慟哭出師，而潼關失守。种師道，名將也，老成持重，許翰以粘沒喝遁，遣使趣戰敗，沒殺熊嶺。楊鎮馬上催而四路喪師，紅旗催而張師挫衂。

无悶按：鋒銳敵衆言稍俟，師未集，衆未附言必待，語有分寸。

速

勢已成，機已至，人已集，而猶遷延遲緩者，此墮軍也。士將怠，時將不利，國將困，擁兵境上而不決戰者，此迷策也。有智而遲，人將先計，見而不決，人將先發，發而不敏，人將先收。難得者時，易失者機，迅而行之，速哉。

自註：用兵能速，則智不及謀，勇不及斷，己舒而人促，己裕而人窘。韓信令裨將傳飡，期破燕會食。司馬懿八日兵陳上墉，曹瑋坐失，賊首隨擲席前。种師道期八日克捷。宗澤電掣風馳。岳武穆但留八日。唐太宗克西河，執高德儒，往返凡九日。樂毅下齊七十餘城，久不能克即墨，莒，田單復齊七十餘城，久不能拔一狄，則遲速之故，在時勢之利鈍，將之勵不勵也。

无悶按：前篇言延，此篇言速，相反相成，所以爲妙。又按晉鄙救趙，逗留不進，宋義伐秦，置酒高會，皆犯子之所謂壁軍迷策，故身敗名裂。

牽

甚矣哉，敵不能猝勝者，惟或用牽法也，牽其前則不能越，牽其後則莫敢出，敵強而孤，則牽其首尾，使之疲於奔趨，敵狃而倚，則牽其中交，使之不得相應，大而廣，衆而散，則時此時彼，使之合則艱於聚，分則薄於守，我乃併軍一向，可克也。

自註：伍員之時出時入，李傕郭汜之此來彼去，彭越項王之一前一卻，皆制強敵法。

无悶按：狃而倚者，言其狼狽相倚也。

勾

勾敵之信以爲通，勾敵之勇以爲應，與國勾之爲聲援，四裔勾之助攻擊。勝天下者用天下，未聞己力之獨恃也。抑勾乃險策，用則必防其中變；究竟恩足以結之，力足以制之，乃可以勾。

自註：唐太宗勾突厥，肅宗勾回紇，成宗勾兀良谷，王允勾呂布，曹瑋勾廝敦，裴行儉勾伏念，此勾之善者。宜臼勾犬戎，叔帶勾狄，何進勾董卓，殷浩勾任弱兒，崔徽勾朱溫，此勾之不善者。至石晉勾契丹攻唐，宋勾女眞攻遼，得其利而受其害，又勾之善而不善者。李愬擒丁士良，即用士良擒陳光治，復用光治降秀琳，用秀琳擒李祐，而李祐復爲之擒元濟，始歎息愬爲用人之最能者，可法也。

委

委物以亂之，委人以勸之，委壘塞土地以驕之。有宜用委者，多戀無成，不忍無功。

自註：委者餌兵也，以輜重居前，因亂而乘，如操之制袁紹。恣其飽掠捆載負重，因而邀擊，如李拒之制石勒。小入佯北，以數千人委之，如李牧守雁門。用老弱爲誘，與使數百人陷陣，如楊素禦敵。使人持刀，詣敵陣前自刎，俾敵驚駭，如越破吳，設寨以與，貯蓄餽敵，如漢師之置。棄壘以與，令安輜重，如黃忠之謀。委棄與吳，以絕吳楚後，如周亞夫。委荊州與吳蜀，以收漁人之利，如曹孟德。假以水道，縱之西入，而後塞其東歸之路，如崔浩。

鎮

夫將，志也，三軍，氣也。氣易動而難制，在制於將之鎮。鎮矣。驚駭可定也，反側可安也，百萬衆可却滅也。志正而謀一，氣發而勇倍，動罔不臧。

自註：亞夫堅臥不起，李廣解鞍縱臥，王霸矢及不動，吳漢用靜固守，安守忠載燕自如，張奐坐帷講誦，孫江東行酒自若，張遼令不反者皆坐，王僧辯據胡牀不動，桑維翰從容指畫，岳飛靜治中營，張守珪置酒張會，凡此舉經險行危而以靜制譁也。

勝

凡勝者，有以勇勝，有以智勝，有以德勝，有以屢勝，有以勝，勝勇必以智，勝智必以德，勝德務祈修，善勝不務數勝而務全勝，務爲保勝，若覬小利，徒挑敵之怒，堅敵之心，驕我軍之氣而輕進，墮我軍之志而解紐，是爲不勝。

自註：兵機云：大昊七十勝而後濟，黃帝五十戰而後濟，少昊四十八戰，昆吾五十戰而後濟，然紂百克而亦無後，武王一戎衣而取之。項羽七十勝而不成，高祖一勝而定天下，勝豈務多哉。

全

天德務生，兵事務殺，顧體天德者，知殺以安民，非害民，兵以除殘，非爲殘。於是作不攻自拔以全城，致妄戮之戒以全民，奮不殺之武以全軍，毋徼功，毋歆利，毋逞欲，毋藉立威，城陷不驚，郊市若故，無之而非全，則無之而非生矣。

自註：曹彬下江南，不妄戮一人，徐達克鎮江，城中不知有兵，後世稱之，若白起阬趙卒四十萬，項羽阬秦軍二十萬，卒皆敗事。

尤闕按：行軍處處務保全，則處處皆生路。

隱

大將行軍，須多愼着，固已言周謹矣。然對壘克敵，率軍馭將，事多不測，繫一軍進止者，當表異以爲士卒先，繫擧陣存危者，當計安以爲三軍恃，且行不知所起，止不知所伏，顯象示人而稠衆莫識，刀劍森列之中，享藏舟之固者，大將有隱道也。

自註：日不可識，則爲隱日法，夜不可測，則爲隱夜法，雜於軍，則爲軍隱，廁於敵，則爲敵隱，易形以隱相，借物以隱形，變質而隱，入壤而隱，此隱中異法也。隱遁，隱異之異者也。

无悶按：能隱則能重，佻則敗矣

兵經百篇 下卷

衍部

天

星浮四游，原無實應，惟當所居之地，氣衝於天，蒸爲風雨雲霧，及暈芒蕩搖諸氣，可相機行變。正應者惟陰陽寒暑晦明之數而已。疾風颯颯，謹防風角，衆星皆動，當有雨濕，雲霧四合，恐有伏襲，疾風大雨，隆雷交至，急備強弩。善因者，無事而不乘，善防者，無變而不應，至人合天哉。

自註：徵應之說，玉曆調元備矣，然揆之故事，乖而不合者多，如越得歲而吳破之，福德在燕而苻秦滅之，彗柄在齊，而公子心敗之，熒惑守歲，李晟討克朱泚，月彗西方，項忠驅勦滿囘。一時也，張淵謂歲襲月，北伐不利，崔浩以月行掩昴，大破蠕頭。一人也，徐有貞先言象應南遷而不還，繼言象可迎鑾而駕迎，是則應遠有分，亦且反行得勝，天何與哉，人惑焉已，非有曠古之識，深研象緯者如此。

无悶按：著作深明天算之學，故言天人之際，深切可驗，不為古人所蔽。

數

用兵貴謀，曷可言數，而數亦本無，風揚雨濡，在天只任自然，冰堅潮停，亦是氣候偶合，況勝而旋敗，敗而復勝，勝而君王，敗而撲滅，舉爭將相之能。卽未圖於人而人倏助，未傾於敵，而敵忽誤，事所未意，而機或符，皆以人造數，而非以數域人。數係人爲，天着何處。苟擁節專麾，止盡其在我者而已。若管郭袁李之學，可神而不可恃也。

原評：有人數而無天數，識之旣眞，言之自斷。

无悶按：冰堅指光武渡滹沱，潮停指元兵入臨安。

鬬

兵家不可妄有所忌，妄則有利不乘；不可妄有所憑，憑則軍氣不勵，必玄女力士之陣不搜，活曜遁甲之說不事，孤虛風角日者靈臺之學不究。迅風疾雨，驚雷赫電，旛折馬跑，適而不惑，以人事準進退，以時務決軍機，人定有不勝天，志一有不動氣哉。

原評：鬬天矣，鬬數矣，蓋天與數易以淆人之智也，此則無所不鬬。

妄

讀易曰大過，曰无妄，聖賢以无妄而免過，兵法以能妄而有功，故善兵者，詭行反施，逆發詐取，天行時干，俗禁時犯，鬼神時假，夢占時託，奇物時致，謠讖時倡，舉措時異，語言時舛，鼓軍心，沮敵氣，使人莫測，妄固不可爲，苟有利於軍機，雖妄以行妄，直致無疑可也。

女

男秉剛，女秉柔。古之大將，間有藉於女柔者。文用以愚敵玩寇，武用則作戰驅軍，濟艱解危，運機應變，皆有利也，男不足，女乃行。

无悶按：原註引歷代女子領軍，叅軍，濟軍，知軍之例甚繁，以其無關宏旨，略之

文

武固論勇，而大將征討，時用羽檄飛文，恒有因一辭而國降軍服者。士卒稍知字句，馬上詩歌，行間俚語，條約禁令，暇則使之服習，或轉相耳傳，自聞詔解義，不害上爲君子師，儒者兵也。

借

古之言借者，外援四裔，內約與國，乞師以求助耳。惟對壘設謀，彼此互角；而有借法，乃巧。蓋艱於力則借敵之力，不能誅則借敵之刃，甚至無財而借敵之財，無物而借敵之物，解將軍而借敵之將軍，不可智謀而借敵之智謀。吾欲爲者誘敵役，則敵力借矣。吾欲斃者詭敵殲則敵刃借矣。撫其所有，則爲借敵之財物，令彼自鬥，則爲借敵之軍將。翻彼着爲我着，因其計成吾計，則爲借敵之智謀。不必親行，坐有其事，己所難措，假手於人。敵爲我資，而不見德，我驅之役，法令俱泯。甚且以敵借敵，借敵之借，使敵不知而終爲我借，使敵既知而不得不爲我借，則借法巧矣。

原評：極難之事，極深之機，古來名將，往往占此。

傳

軍行無通法，則分者不能合，遠者不能應，彼此莫相喻，敗道也。然通而不密，反為敵算，故自金，旗，砲，馬，令箭，起火，烽烟報警急外。兩軍相遇，當詰暗號，千里而遙，宜用素書，為不成字，無形文，非紙簡。傳者不知，獲者無跡，神乎神乎。其或隔敵絕行，遠而莫及，則又相機以為之也。

對

義必有兩，每相對而出。有正卽有奇，可取亦可舍，對，古今智能人已籌略時宜可否戰陣利害中機法生焉，變化神焉，有無窮之用矣。

自註：如一竈法，前用減，後遂用增，一糧法，用有奪卽有用委，此雖虛，彼或從虛以邀，此行間，彼可因間而誤。故利己未必非人利，多獲未必不多損也。對者針鋒相觸，反觀而求，運智多方，得其精矣。

无悶評：眞理本身，祇是相對，揭子此言，與近代名學，不謀而合。

釁

謀於心曰計，力可爲曰能，從心運者虛，見諸爲者實，有能則能，雖半計而亦可生計，無能則無從計，而善計皆空。籌空非計也。計必計所能，不惟攻擊能，戰守能，卽走，降，死，亦必要之能。故善兵者，審國勢己力，師武財賦，較於敵以立計，英雄善計者而有束手之時，無用武之地，勢不足而能不在耳。釁之者，於勢能未展之日，則俯首受制，無計之計，止有一避，無智之智，止有一拙，無能之能，暫庸一屈。角而利，爪而距，不可釁矣。

自註：英雄用則爲虎，不用則爲鼠，智必憑勢而行也。韓信能興漢滅楚而不能制二少，孫臏能破魏強齊，而不免身爲刑餘。劉豫州南飛借枝，段德操堅守自保，勾踐請爲臣妾，而一翩然莫制，一討克師都，一興師沼吳，無勢雌伏，有勢雄飛，信哉。

眼

敵必有所恃而動者，眼也。如人有眼，手足舉動斯便利，是以名將必先觀敵眼所在，用抉剔之法，敵以謀人爲眼，則務袪之；以驍將爲眼，則務除之；以親信爲眼，則能疏之；以名義爲眼，則能壞之；或拔其根基，或中其要害，或敗其密謀，或離其恃交，或撤其憑藉，或破其慣利，此兵家點眼法也。點之法，有陰有陽，有急有緩，人有眼則明，奕有眼則生，絕其生而喪其明，豈非制敵之要法哉。

自註：皇甫文斬而高駢降，馮惠亮袪而公祐擒，剛浪唆死而元昊衰，民兵徵，隋煬敗，南昌擣，宸濠執，横水攻，桶岡勢孤，伐竹木，山賊走滅，拔草木，楊么就擒，剌眼也。

无悶按：桶岡山卽今之井岡山，王文成破賊於此。

唆 音耿

師以義動者，名兵也。驚使數動者，虛喝也。敵夜營，遙誘以火鼓，實迫以金炮，制敵前後，伏兵兩路，使敵逃竄而殲之者，啄木晝也。轟轟隱，隱萬人咤自雲端，名曰天嘌，潺潺泡泡，千軍譟於營內，名曰鬼嘈。如潮迴，如崔清，覆敵上下，不知所繇，使敵自相擊撞而滅絕之者，落物朔也。

自註：唆者戰聲，啄木晝符以出物，實則震以響也。朔風嚴肅以殺物，能令金鐵皆鳴，效其意以出法，視聲東擊西，先聲後實則侈着耳。

捱

天道後起者勝，兵攖易而不攖難。威急者，索也，銳犀者，挫也。敵動而能靜，我起乘敵疲；敵挾衆而來，勢不能久則捱之；其形窘迫，急欲决戰則捱之；彼戰爲利，我戰不利則捱之；時宜守靜，先動者危則捱之，二敵相搏必有傷敗則捱之；有衆而精，必至自圖則捱之；敵雖智能，中有掣之者則捱之；彼勞我逸則捱之；彼險我安則捱之；彼飢我飽則捱之；天時將傷，地難將陷，銳氣將墮則捱之；捱之乃起而收之，則力全勢易，事簡功多。古之所爲守觀，爲徐竢，爲令彼自發，皆是。可急則乘，利緩則捱。故兵經有後之義。

原評：遲以罔亡，捱以窺斂，兩後着覺是翻先一着。論兵者，曾及此否？

混

混於虛，則敵不知所擊，混於實，則敵不知所避，混於奇正，則敵不知變化。混於軍，混於將，則敵不知所識。而且混敵之將以賺軍，混敵之軍以賺將，混敵之軍將以賺城營。同彼旌旗，一彼衣甲，飾彼裝束相貌，乘機竄入，發於腹，攻於內，殲彼不殲我，自別而彼不能別者，精於混也。

自註：馮異變服亂赤眉，呂蒙白衣襲荊州，王晙胡服擒吐蕃，岳飛黑衣入金營，曹操攜袁紹衣甲旗幟，破淳于瓊，皆以混淆取勝。

迴

凡機用於智者一則間，用於愚者二而間，數受欺而不悟者三而間。間三而迫奇莫測，間二而迫人所度，間一而迫顯於法，一出二，二出三，隨勢變遷，隨形變遷。三迫二，二迫一，隨勢歸復，隨形歸復。

半

凡設謀建事，計有十，行之僅可得五，其半在敵與湊合之間；行有十，而計止任其五，其半在敵與湊合之間；故善策者多惕。曰：我能謀人則思敵能謀我者，至視天下皆善謀，則可制天下之謀生；是精謀勇戰操其一，敵之抵應操其一，地天機宜操其一。必諦審夫彼多而此少，或此多而彼少，能合於三，其勢乃全。故當以半而進失全也。

自註：在我者一，在天人者三之二，則半字猶是侈言。千古誰有全策。

一

行一事而立一法，寓一意而設一機，非精之至也。故用智必沈其一，用法必增其一，用變必轉其一，用偏必照其一，任局必出其一，行之必留其一，盡之必翻其一。蓋以用爲動，以一爲靜，以用爲正，以一爲奇，止於一，餘一不可，一不可一餘，一不可一盡，二餘一而三之，四餘一而五之，京秭嘴澗而極正之，此阿祇那繇之不可無量也。餘一也，精之至也。

影

古善用兵者，意欲如此，故爲不如此以行其意，欲如此，此破軍擒將降城服邑之微法。今則當意欲不如此，故爲不如此，使彼反疑爲意欲如此，以行其意欲不如此，此破軍擒將降城服邑之微法。故爲者，影也。故爲而示意者，影中現影也。兩鑑懸透三千丈哉。

空

敵之謀計利，而我能空之，則彼智失可擒。虛幕空其襲，虛地空其伐，虛伐空其力，虛誘空其物；或用虛以空之，或用實以空之，虛不能實詭，幻不赴功，實不能虛就，事寡奇變。運行於無有之地，轉掉於不形之初，杳杳冥冥，敵本智而無所着其慮，敵未謀而無所生其心，洵空虛之變化神也。

無

大凡着於有者，神不能受也。不能受，則遇事不自持，其不巇峴也希矣。故善兵者，師行如未，計設若否，創奇敵大陣而不動，非強制也，略裕於學，膽經於陣，形見於端，謀圖於朔。

无悶評：無着，無所容心也，行所無事也。造詣極精，若張顛之書，宜僚之丸，時有此境。

陰

陰者，幻而不測之道，有用陽而人不測其陽，則陽而陰矣，有用陰而人不測陰，則陰而陰矣。善兵者，或假陽以行陰，或運陰以濟陽，總不外於出奇握機，用襲用伏，而人卒受其制，詎謂陰謀之不可以奪陽神哉。

自註：徐晃蒲坂之勝，陰襲也。徐達泗岸之焚，陰伏也。杜預夜走樂鄉，陰渡也。劉鄩啣枚水竇，陰入也。韓信益疑向臨晉，伏兵從夏陽，王韶張軍陣竹牛，潛師襲武勝，皆假陽行陰。韓信夜出精騎望趙軍，明軍出井陘，馮異潛兵進栒城，建鼓赴敵陣，則運陰濟陽。千古取勝，此為絕著。

靜

我無定謀，彼無敗着，則不可動，事雖利而勢難行，近稍遂而終必失，則不可動。識未究底，謀未盡節，決不可爲隨數任機之說，當激而不起，誘有不進，必度可動而後動，雖小有挫，不足憂也。妄動躁動，兵家亟戒。

自註：詩頌武王，於鑠王師，遵養時晦。王翦伐楚，閉營休士。赤眉伐長安，鄧禹休兵北道，雖用靜實善於動者。欽若知天雄軍，契丹至城下，惟閉門修齋誦經，卒致傾敗，則未可以託言此也。

閑

紛糾中，沒掂之設一步，人不解其所謂，寬緩處，不喫緊立一局，似覺屬於無庸，厥後湊乎事機實收此着之用，則所關惟急。是知兵有閑着，兵無閑着。

自註：分護陰平，收貯竹木頭屑，日運百甓，有用棄彼，恒於閑處着手。

无悶按：沒掂似是明人俚語，猶言無據也。

忘

利害安危，置之度外，固必忘身以致君矣，而不使士心與之俱忘，亦非善就功之將也。然而得其心者，亦自有術：與士卒同衣服，而後忘夫邊塞之風霜，與士卒同飲食，而後忘夫馬上之飢渴，與士卒同登履，而後忘夫關隘之險阻，與士卒同起息，而後忘夫征戰之勞苦，憂士卒之憂，傷士卒之傷，而後忘夫刀劍鏃戟之瘢痍，事皆習而情與周，故以戰鬥爲安，以死傷爲分，以冒刃爭先爲本務，而不知其蹈危也。兩忘者，處險如夷，茹毒如飴也。

无悶按：古名將必與士卒同甘苦，乃能得士心，得死力，然未有言之透闢若此者。

威

強弱任於形，勇怯生於勢，此就行間之變化言也。若夫善用兵者，運夫天下之所不及覺，制夫天下之所不敢動，戰夫天下之所不能守，扼夫天下之所不得衝，奔夫天下之所不可支，離夫天下之所不復聚。威之所懾，未事革兵而先已懾，既事兵革而莫能敵，一時畏其人，千秋服其神。

繇

進止戰守繇於我，斯有勝道，繇我則我制敵，由敵則爲敵制。制敵者，非惟我所不欲，敵不能強之使動，即敵所不欲，我能致之不得不然也。甚至敵以挑激之術，起我憤懾，能遏而不應，斯實能繇我者。

无欲按：近代用兵貴自動，所謂繇我則我制敵也。

自

性無所不含，狃於一事而出久則因任自然，故善兵者，所見無非兵，所談無非略，所治無非行間之變化，是以事變之來，不待安排計較，無非協暢於全經。天自然，故運行，地自然，故專凝，兵自然，故無有不勝。是以善用兵者，欲其自然而得之於心也。詩曰：左之右之，無不宜之，右之左之，無不有之。

无悶評：天自然，故運行，地自然，故專凝，語未經人道。

如

以智服天下，而天下服於智，智固不勝，以法制天下，而天下制於法，法亦匪神，法神者，非善之善者也。聖武持世，克無城，攻無壘，戰無陣，刃遊於空，依稀乎醲於無爭之世，則已矣。淵淵消消，鏗鏘鏘鏘。

揭暄父子傳

揭暄字子宣，廣昌人，父衷熙，母萬氏。衷熙明諸生，負經濟才，日痛憤天下事不可爲，往往周繞堂室，對暄而泣，相視欷歔不已，及遊金陵，會大兵破維揚至瓜洲，方駐師。衷熙登金山，望兩軍相持，私爲籌畫久之，熟視文武吏皆闒茸，無可與言者，乃還。暄少負奇氣，喜論兵，慷慨自任，獨閉門戶精思，得其要妙，著爲兵經戰書，皆古所未有，學使吳炳見之，驚曰，此異人異書也。南都沒，衷熙益痛傷，暄發憤舉義，與撫州揭重熙，同邑何三省駱而翔，後先並起。於是唐王辟衷熙爲推官，暄爲職方司主事，父子義聲，奕奕震江閩間。已而衷熙護餉，同友人間道由白水鎮，遇賊取友去。衷熙曰：同王事也，何可獨生。復返追友，賊怒執友出，露刃，衷熙大呼，以身翼之，賊遽剌友，幷中衷熙死。時暄尙經營閩事也。暄入閩，念天下日危，激切不自安，上言天時地利人事，及攻守戰禦機要，凡十策，王皆嘉納之。以尙書郭維經請，遂調江西副吳炳。甫行，又命安撫閩總諸營，及贛州聞父難痛哭歸，日夜枕戈磨刃，圖所以報，卒擒賊獻墓門，斬首釃血以祭。於是閩汀已失，而吳炳入粵矣，遂匿居林藪，與子匡聞嗚咽幽抑以終。所善方以智，邱維屏，游藝甘京皆名人。著有性，昊，兵，戰，及禹書，竊天新語，傳世。匡聞者，幼能文，爲吳炳所才，亦棄諸生而隱。初東熙之受害也，賊質其屍以要暄，萬氏知書有智略，率家人百十，持刀槊火器，舁浮竹，夜襲賊所，取骸順流疾歸，賊奪氣竟不敢追。東熙字靜叔，頎偉好潔，瞻視煒如，善嘯，工古文詞，嘗作金陵遊記以勗暄云。

國家圖書館出版品預行編目資料

投筆膚談／（明）西湖逸士等著；（明）何守法注釋；
李浴日選輯. -- 初版. -- 新北市：華夏出版有限公司,
2022.04
面； 公分. -- (中國兵學大系；07)
ISBN 978-986-0799-41-5(平裝)
1.兵法 2.中國

592.097 110014485

中國兵學大系 007
投筆膚談

著 作 （明）西湖逸士 等
注 釋 （明）何守法
選 輯 李浴日
印 刷 百通科技股份有限公司
電話：02-86926066 傳真：02-86926016
出 版 華夏出版有限公司
220 新北市板橋區縣民大道 3 段 93 巷 30 弄 25 號 1 樓
電話：02-32343788 傳真：02-22234544
E-mail： pftwsdom@ms7.hinet.net
總 經 銷 貿騰發賣股份有限公司
新北市 235 中和區立德街 136 號 6 樓
電話：02-82275988 傳真：02-82275989
網址：www.namode.com
版 次 2022 年 4 月初版一刷
特 價 新臺幣 800 元 (缺頁或破損的書，請寄回更換)

ISBN-13：978-986-0799-41-5